U0273567

焦化污染场地

环境调查评估与安全利用

党晋华　李　磊　王林芳　赵　颖　韩文辉　等/编著

中国环境出版集团·北京

图书在版编目（CIP）数据

焦化污染场地环境调查评估与安全利用 / 党晋华等
编著 . —北京：中国环境出版集团，2022.9
ISBN 978-7-5111-5341-8

Ⅰ.①焦… Ⅱ.①党… Ⅲ.焦化—场地—环境污染—
调查研究 Ⅳ.① X508

中国版本图书馆 CIP 数据核字（2022）第 174819 号

出 版 人　武德凯
责任编辑　宋慧敏
责任校对　薄军霞
封面设计　宋　瑞

出版发行　中国环境出版集团
　　　　　（100062　北京市东城区广渠门内大街 16 号）
　　　　　网　　址：http://www.cesp.com.cn
　　　　　电子邮箱：bjgl@cesp.com.cn
　　　　　联系电话：010-67112765（编辑管理部）
　　　　　发行热线：010-67125803，010-67113405（传真）
印　　刷　北京建宏印刷有限公司
经　　销　各地新华书店
版　　次　2022 年 9 月第 1 版
印　　次　2022 年 9 月第 1 次印刷
开　　本　787×1092　1/16
印　　张　14.25
字　　数　271 千字
定　　价　58.00 元

【版权所有。未经许可，请勿翻印、转载，违者必究。】
如有缺页、破损、倒装等印装质量问题，请寄回本集团更换。

中国环境出版集团郑重承诺：
中国环境出版集团合作的印刷单位、材料单位均具有中国环境标志产品认证。

我国是世界第一大焦炭生产国。在近几十年的焦化行业发展中，工艺技术逐步改进，从最开始较为落后的土法炼焦，到逐步向世界先进焦化生产工艺靠近。目前我国已形成世界上焦炭品种最齐全、产能最大的焦化工业体系，为国内的现代化、工业化和国民经济持续发展作出了贡献。但是，随着城市发展、产业结构调整和环境保护的要求，焦化行业迎来落后产能淘汰等重大变革，焦化企业陆续关闭或退城入区，关闭、搬迁遗留焦化场地的安全再利用逐步受到重视。本书通过梳理国内焦化场地发展历程，分析不同焦化生产工艺流程、原辅材料使用及污染物产生和排放特点，结合实际案例，对焦化场地污染物识别、土壤和地下水环境受到的影响、土壤和地下水的调查、风险评估以及修复治理技术等进行论述；采用 ORM 设计思想、java 语言、Spring+hibernate+Struts 技术架构、MYSQL 数据库、JDK8 平台，开发污染场地治理决策系统，以期为焦化污染场地管理提供技术支撑。

本书得到国家重点研发计划"京津冀及周边焦化场地污染治理与再开发利用技术研究与集成示范"（2008YFC1803000）和"煤炭产业集聚区场地污染治理技术集成与工程示范"（2020YFC180650）支持，主要由山西省生态环境监测和应急保障中心（山西省生态环境科学研究院）党晋华、李磊、赵颖、韩文辉和山西农业大学王林芳等共同完成，全书由党晋华、韩文辉负责统稿，其中第 1 章由韩文辉执笔，第 2 章主要由戎艳青、党晋华执笔，第 3 章由王林芳、戎艳青执笔，第 4 章由赵颖、宋姗娟、张艳、穆卉执笔，第 5 章、第 6 章由李磊执笔，第 7 章由王林芳、戎艳青、李磊执笔。感谢中国环境出版集团的编辑在本书出版过程中付出的努力。

由于研究团队掌握的知识有限，加之时间仓促，书中可能存在不妥之处，敬请广大读者批评指正。如发现不当之处，盼函告太原市兴华街 11 号山西省生态环境监测和应急保障中心（山西省生态环境科学研究院）（邮编 030027）或发送邮件至984736173@qq.com，以便作者及时更正。

作者

2022 年 5 月

CONTENTS 目录

扫码查看相关标准

第1章

概 述

20 世纪 90 年代以来，随着国内城市化进程加快，产业结构和土地利用规划不断调整，大批工业企业搬迁或关闭。这些工业企业生产历史悠久、工艺设备相对落后、环保设施不完善，搬迁后会产生大量可能存在潜在环境风险的污染场地。同时，场地再利用需求量不断增大，导致场地开发市场规模急速扩张，然而未经环境调查评价或修复的污染场地，尤其是一些污染严重企业遗留下来的场地，再利用时就可能存在健康与生态隐患，甚至引发严重后果。

我国是世界第一大焦炭生产国。据《中国统计年鉴》统计，2011—2020 年国内焦炭产量在 4.31 亿～4.82 亿 t 之间，其中 2013 年焦炭产量最多，为 4.82 亿 t。2014 年后，国内焦炭产量随钢铁产量下降开始下降，但仍超过 4.3 亿 t。焦化行业在近几十年的发展中经历了几轮技术更新，从最开始使用较为落后的土法炼焦，到"十一五"时期、"十二五"时期 4.3 m 机焦炉的盛行，再到"十三五"时期 4.3 m 机焦炉的逐步淘汰，逐步向世界先进焦化生产工艺靠近。目前国内已形成世界上焦炭品种最为齐全、产能最大的焦化工业体系，为现代化、工业化和国民经济持续发展作出了贡献。近年来，国家加大了高耗能、高污染型行业的调整力度。随着产业结构和城市布局的调整，焦化行业迎来产能淘汰、厂址变迁等重大变革，一些不符合政策的焦化企业尤其是老的焦化企业陆续关闭或从原址搬迁重建。这些遗留的焦化场地的土壤中含有大量多环芳烃等污染物，对人体健康构成严重威胁。

场地污染有很强的隐蔽性、潜在性、滞后性和持久性。污染物通常存在于土壤中并通过土壤转移，这一过程非常缓慢，污染物只有触及受体时才有可能被发现。这些污染场地的存在带来了双重问题：一方面是环境风险和健康风险，另一方面是阻碍了城市建设和经济发展。尤其是焦化污染场地，其占地面积较大、污染因子复杂、污染程度较重，因此这类污染场地成为场地调查中的研究热点，对其进行污染特征分析、风险评估与安全利用逐渐受到社会各界的广泛关注。

1.1　污染场地

"污染场地"含义的界定对污染场地修复治理来说至关重要。何谓污染场地？各国对此看法不一。一些发达国家、国际组织等给出的污染场地的诸多定义中主要包含以下几个关键点：①污染场地中必须存在有害物质；②污染场地中有害物质的含量或浓度要对人类健康或环境构成威胁；③污染场地不局限于土壤。

美国国家环境保护局（USEPA）将污染场地界定为被危险物质污染、需要清理或修复的土地，其包括被污染的物体（例如建筑物、机械设备）和土地（例如土壤、沉积物和植物）。加拿大政府认为，"污染场地"是指污染物浓度高于背景值，对人类健康和环境已造成或可能造成即时或长期危害的土地，或者是污染物浓度超过了政府法规和政策中规定的浓度的土地。英国环境污染委员会认为，污染场地是当地政府认定由于有害物质污染而引起严重危害或有引起此类危害的可能性和已经引起或可能引起水体污染的土地[1]。澳大利亚与新西兰环境保护委员会认为，污染场地是危险物质的浓度高于背景值的场地，且环境评价显示其已经或可能对人类健康或环境造成即时的或长期的危害。荷兰在《土壤保护法》（1994）中定义，污染场地为已被有害物质污染或可能污染，并对人类、植物或动物的功能属性已经或正在产生影响的场地。欧盟环境署在《污染场地管理》（2000 年）中定义，污染场地指依据风险评价结果，废物或有害物质量或浓度构成对人类或环境威胁的场所。

虽然各国对污染场地的概念和范围的界定并不完全一致，但总的来说都将污染场地界定为受污染物污染的特定空间或区域，并且污染对该特定空间或区域内的居民或自然环境产生了负面影响。

我国于 2014 年颁布的环境保护标准《污染场地术语》（HJ 682—2014）对污染场地的定义是："污染场地"（contaminated site）可分为"潜在污染场地"和"污染场地"。"潜在污染场地"（potential contaminated site）是指"因从事生产、经营、处理、贮存有害有毒物质，堆放或处理处置潜在危险废物，以及从事矿山开采等活动造成污染，且对人体健康或生态环境构成潜在风险的场地"；"污染场地"则是指"对潜在污染场地进行调查或风险评估后，确认污染危害超过人体健康或生态环境可接受风险水平的场地"，又称"污染地块"。2017 年颁布实施的《污染地块土壤环境管理办法》对污染场地的定义为"本办法所称疑似污染地块，是指从事过有色金属冶炼、石油加工、化工、焦化、电镀、制革等行业生产经营活动，以及从事过危险废物贮存、利用、处置活动的用地。按照国家技术规范确认超过有关土壤环境标准的疑似污染地块，称为污染地块。"国内对于污染场地的概念多了"潜在污染场地"，这与预防为主、保护优先的原则是一致的，因而此处的"污染场地"的含义包含了"潜在污染场地"，后期风险管理针对的便是潜在污染场地。同时此规定将污染场地损害范围扩大到人体健康和生态环境，体现了国内对污染场地带来的损害的认识进步，也表明了政府提高了对污染场地的重视程度。

焦化污染场地是污染场地的一种特殊类型，是指一些焦化企业在关停或搬迁后，遗留下来的可能对人体健康和生态环境产生危害或具有潜在风险的场地。这些焦化污染场地的存在带来了双重问题：一方面是环境风险和健康风险，另一方面是阻碍了城市建设和经济发展。

1.2　国外污染场地管理体系和法律法规

1.2.1　国外污染场地管理体系

20 世纪 60 年代开始，发达国家已经开展环境修复。环境修复理念从 1960 年的堆放抛弃，到 1990 年的挖取填埋和焚烧处置，发展至 21 世纪，已经转为资源的修复、污染场地的风险管理及评估和经济效益及社会效益的决策。随着修复实践的开展，最大限度降低风险水平也不再是各国风险管理的唯一目标。当前发达国家的污染场地修复管理侧重于全过程协调和利益关系方的全面参与，强调修复工程的整个生命周期可能对周边环境产生的影响。从宏观上看，发达国家形成了一套完善的涵盖理论支持、技术保障和法律依据的污染场地修复管理体系[2]（见图 1-1）。

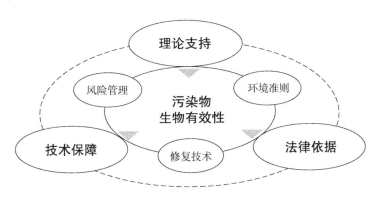

图 1-1　发达国家污染场地修复管理体系

在美国，受污染的土壤被称为"棕地"。美国全国约有 45 万块棕地，大部分位于城市的老工业区。棕地管理由联邦政府、州政府、社区及非政府组织共同完成。

其中，联邦政府以美国国家环境保护局为主导，负责对棕地进行评估、管理及开发；国会则制定并通过有关土壤修复的法律法规政策文件。州政府制定详细的棕地治理标准，起到监督作用。地方政府和社区是棕地管理的主要实施力量。非政府组织作为参与者，参与推进土壤污染的治理。在日本，污染场地环境管理体系采用中央和地方二级管理的模式。中央政府、地方政府、财团法人、企业以及民众之间形成了既灵活又高效的环境管理体系。在德国，污染场地管理强调专门性立法与外围立法结合、自主立法与区域合作立法并行、主体立法和各州分级细化立法并重，形成了一套以欧盟为主体、联邦政府和州政府配套的三重土壤污染防治管理体系。

1.2.2　国外污染场地相关法律法规

美国已形成比较完备的污染场地修复法律法规体系。1980 年 12 月，美国国会通过《综合环境响应、补偿和责任法案》，因为该法首次建立用于修复污染场地的超级基金，所以该法又被称为《超级基金法》[3]。这项法案对于美国开展土壤污染防治具有里程碑式的意义，首次明确定义了棕地、填补了污染场地修复的空白。《超级基金法》设立了高达 16 亿美元的信托基金，专门用于治理无法确定责任方的污染场地，并通过确定"潜在责任方"，以"污染者付费原则"解决修复经费问题。随着棕地项目的开展，美国的土壤污染防治法律法规体系进一步完善。针对执行过程中暴露的问题，美国对《超级基金法》进行了几次较大的修订，包括 1986 年《超级基金修正案和再授权法》、1992 年《社区环境响应促进法》、1999 年《超级基金回收平衡法》、2002 年《小规模企业责任减轻和棕地振兴法》和 2018 年《棕地利用、投资和地方发展法》，保护了土地所有者或使用者的权利，为促进棕地的开发提供了法律保障[4]。为使更多的受污染土地得到及时治理，美国建立了国家优先控制场地名录，有助于污染场地修复优先性排序，确定哪些场地需要深入调查。美国修复圆桌会议推荐在决策初期使用场地修复技术筛选矩阵（RTMS）评价修复技术[5]。至此，美国形成了一套完善的法律法规技术规范体系。截至 2022 年 1 月，美国国家环境保护局设立的国家优先控制场地名录和基金替代协议中现有污染场地 1 332 个，已有 1 231 个场地完成物理修复实施工程。

自 20 世纪 60 年代起，日本开始重视土壤污染防治并制定相关法律予以强化。1967 年，日本公布实施了《公害对策基本法》，该法律规定了对大气污染、水质污染、土壤污染、噪声、振动、地盘沉降、恶臭等 7 个方面的典型公害防治对策[6]。根据《公害对策基本法》，日本政府制定了土壤污染的环境标准，首次制定的直接针对土壤污染的法律是《农用地土壤污染防治法》（1970 年），制定该法的目的是防止生产出损害人体健康的农畜产品。随着对市区、工厂和企业旧址的再开发利用的增多，土壤污染逐渐被视为重要的环境问题。1993 年，日本政府将《公害对策基本法》改为《环境基本法》，该法律是日本环境政策的基本法律，对环境标准的设定及环境基本计划的制订等具体措施作出了法律规定。为了保护国民免受污染土壤引起的健康危害，2003 年 2 月，日本颁布实施《土壤污染对策法》。该法律是一部较为完善的直接针对土壤污染的法律，主要包括土壤污染发生的未然防止、妥善地掌握土壤污染状况、防止土壤污染危害人体健康等 3 个方面，涵盖了土壤污染状况的评估制度、防止土壤污染对人体健康造成危害的措施、土壤污染防治体系等内容，明确规定了日本城市和工业地域土壤中的有害物质的环境标准。至此，以《环境基本法》为基础、以《农用地土壤污染防治法》与《土壤污染对策法》为依托，日本从农用地和城市用地两方面，共同构建了土壤污染的基础法律框架。

德国的土壤污染防治注重立法体系的建设，已形成一套涉及欧盟、联邦政府和州政府三个层面的立法体系。1998 年，德国颁布了第一部关于土壤环境保护的单行法律——《联邦土壤保护法》；随后，为了对该法进行更加详细的规定，又制定了《联邦土壤保护与污染场地条例》，进一步细化了土壤污染防治的相关法规准则，提出了对疑似污染区域和污染场地开展检查和评估、修复有害土壤和污染场地的具体要求[7]。除此之外，德国还制定了《联邦区域规划法》《闭合循环管理法》《污水污泥条例》《联邦自然保护法》《循环经济与废弃物管理法》《联邦矿山法》和《防止有害土壤变化和污染场地修复法》等法律法规，完善了土壤保护的法律法规框架，规范了土壤保护的有关事宜。大多数州也推动了单独立法，如黑森州颁布的《黑森州废弃物法》、巴伐利亚州颁布的《巴伐利亚土壤保护法》、巴登－符腾堡州颁布的《巴登－符腾堡州土壤保护和污染场地法》等。2021 年 7 月，德国对《联邦土壤保护与污染场地条例》进行了最新修订，新条例将于 2023 年 8 月 1 日生效。整体来看，德国多层次、全方位的立法支撑使土壤污染的防治和保护实现了有法可依。

1.3 国内污染场地管理体系和法律法规

1.3.1 国内污染场地管理体系

国内污染场地环境管理还处于探索阶段。目前，针对场地污染，国内在管理、调查和修复方面一直在不断完善相关管理制度、法律法规，逐渐形成以国家法律法规为主导、以地方法规为补充的污染场地修复法律法规体系，为开展污染防治工作提供了直接的法律依据。从宏观上看，国内现行污染场地管理制度还存在缺乏目标性、规范性的统一，跨地域性的法律实践难以操作等问题。关于场地修复责任、修复基金、监督管理制度方面的具体政策也不够全面细致，造成目前国内污染场地修复管理相对滞后，但基于管理政策、法律法规、相关技术规范的政府管理体系已大致形成（见图 1-2）。

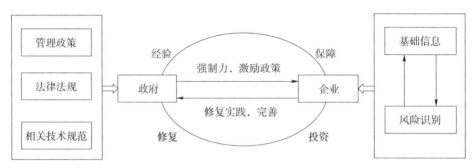

图 1-2　国内场地环境管理体系示意

1.3.2　国内污染场地相关政策梳理

从 2004 年开始，我国对污染场地的修复治理实施了一系列的宏观政策，对国内污染场地的修复治理做出了统筹安排。

2004 年，国家环保总局发布《关于切实做好企业搬迁过程中环境污染防治工作的通知》，要求相关责任方在搬迁地的污染治理修复和开发过程中应当做好环境污染防治工作。

2005 年，国务院发布《国务院关于落实科学发展观加强环境保护的决定》规定：对污染企业搬迁后的原址进行土壤风险评估和修复；开展全国土壤污染状况调查和超标耕地综合治理，污染严重且难以修复的耕地应依法调整。

2008 年，环境保护部出台《关于加强土壤污染防治工作的意见》，该意见提出了当前土壤污染防治的指导思想、基本原则和主要目标，同时还对污染场地土壤环境保护监督管理提出了一系列的制度要求。这些规定在污染场地土壤修复工作中起到了重要的指导作用。

2009 年，国务院办公厅发布《关于加强重金属污染防治工作的指导意见》，指出应当开展污染土壤修复试点工作，建立国内土壤污染防治和修复体系。

2011 年，环境保护部发布《污染场地土壤环境管理暂行办法》。同年，《国家环境保护"十二五"规划》发布，"加强土壤环境保护"被明确提及，该规划要求今后要加强土壤环境保护制度建设、强化土壤环境监管以及推进重点地区污染场地和土壤修复。国内将启动污染场地、土壤污染治理与修复试点示范。禁止对未经评估和无害化治理的污染场地进行土地流转和开发利用。

2012 年，环境保护部、工业和信息化部、国土资源部、住房和城乡建设部联合发布《关于保障工业企业场地再开发利用环境安全的通知》，对工业企业场地变更利用方式、变更土地使用权人时所要开展的环境调查、风险评估、治理修复等工作做出了规定，体现了多部门综合治理、操作性强、内容系统全面的特点。

2013 年，国务院办公厅印发《近期土壤环境保护和综合治理工作安排》，要求到 2015 年，全面摸清国内土壤环境状况，建立严格的耕地和集中式饮用水水源地土壤环境保护制度，初步遏制土壤污染上升势头。

2014 年 5 月，环境保护部发布《关于加强工业企业关停、搬迁及原址场地再开发利用过程中污染防治工作的通知》。该通知明确提出，未明确治理修复责任主体的，禁止进行土地流转；污染场地未经治理修复的，禁止开工建设与治理修复无关的任何项目。搬迁关停工业企业应及时公布场地的土壤和地下水环境质量状况。

2014 年 8 月，环境保护部发布《关于开展污染场地环境监管试点工作的通知》。该通知提出在湖南、重庆以及江苏常州、靖江开展污染场地环境监管试点工作。

2016 年，国务院发布《土壤污染防治行动计划》（以下简称"土十条"），明确以保障农产品质量和人居环境安全为出发点，坚持预防为主、保护优先、风险管控；提出实施建设用地准入管理，防范人居环境风险。

2017 年 7 月 1 日起施行的《污染地块土壤环境管理办法（试行）》明确，各级环境保护主管部门须对本地区内的污染场地、疑似污染场地进行监督管理，建立疑似污染场地名录，并对高风险区域加强重点监管。该办法还规定了政府的兜底责任。政府不仅可以制定环境决策、环境制度，也可以协调其他主体开展污染场地修复治理工作。此外，土地具有公共性，公共事务的管理是政府部门的职责。在政府内部，对各治理主体的权责与追责划分应该制定详细的规定，确保多元共治模式的有效运行。为达到及时有效的治理结果，对于其他治理主体在场地污染治理过程中所需要的人力、物力、财力，政府应当在提供扶持的同时做好监督工作，保障其他治理主体可以有序地、顺利地开展治理工作。

2021 年 1 月，生态环境部发布《重点监管单位土壤污染隐患排查指南（试行）》，指导和规范土壤污染重点监管单位建立土壤污染隐患排查制度，及时发现土壤污染隐患并采取措施消除或者降低隐患；会同自然资源部共同制定《建设用地土壤污染责任人认定暂行办法》，规范了建设用地土壤污染责任人的认定。

2021 年 6 月，生态环境部发布《建设用地土壤污染风险管控和修复从业单位和个人执业情况信用记录管理办法（试行）》，规范并加强建设用地土壤污染风险管控和修复从业单位及个人执业情况的记录、公开、应用等管理活动，增强从业单位和个人的诚信自律意识和信用水平，营造公平诚信的市场环境和社会环境。

2021 年 12 月，生态环境部、国家发展改革委、财政部、自然资源部、住房和城乡建设部、水利部、农业农村部联合印发了《"十四五"土壤、地下水和农村生态环境保护规划》。规划要求，到 2025 年，全国土壤和地下水环境质量总体保持稳定，受污染耕地和重点建设用地安全利用得到巩固提升；到 2035 年，全国土壤和地下水环境质量稳中向好，农用地和重点建设用地土壤环境安全得到有效保障，土壤环境风险得到全面管控。规划提出，要整治涉重金属矿区历史遗留固体废物，防范工矿企业新增土壤污染，强化重点监管单位监管，有序推进建设用地土壤污染风险管控与修复，明确风险管控与修复重点。

1.3.3 国内污染场地环境管理相关法律法规

我国在土壤污染方面已有了相关立法，但是在污染场地修复领域缺乏专项立法，主要涉及的立法包括法律层面和法规层面。

涉及污染场地的法律有十余部，其中最重要的 9 部具体见表 1-1。

表 1-1 涉及污染场地的主要法律

序号	主要法律	关于土壤的规定	备注
1	《中华人民共和国宪法》	原则性规定了合理利用土地和防止土壤污染	——
2	《中华人民共和国刑法》	设置了污染环境罪，对可能造成土壤重大污染的行为给予了刑事处罚	——
3	《中华人民共和国环境保护法》	明确提出土壤保护与污染防治，其在污染场地管理方面提出了很多方向性的指导意见。强调多元主体参与和信息公开，要求项目的开发应当进行环境影响评价等	2014 年新修订（2015 年1 月 1 日实施），明确了污染场地是环境保护和污染防治的对象
4	《中华人民共和国土壤污染防治法》	污染土壤损害国家利益、社会公共利益的，有关机关和组织可以依照《中华人民共和国环境保护法》《中华人民共和国民事诉讼法》《中华人民共和国行政诉讼法》等法律的规定向人民法院提起诉讼	2018 年颁布（2019 年 1月 1 日实施）

续表

序号	主要法律	关于土壤的规定	备注
5	《中华人民共和国固体废物污染环境防治法》	固体废物的管理属于污染场地管理的范畴。《中华人民共和国固体废物污染环境防治法》的相关规定为明确污染场地的责任承担提供了一定的法律依据	为固体废物管理的专门法律
6	《中华人民共和国水污染防治法》	由于在污染场地管理中会涉及地下水的污染防治，故《中华人民共和国水污染防治法》的部分内容也属于污染场地管理的范畴。具体表现为：水污染防治应当坚持预防为主、防治结合、综合治理的原则；国家环保部门应当制定国家水环境标准。这为污染场地中的地下水治理提供了修复标准	为保护水资源的重要法律
7	《中华人民共和国土地管理法》	第一，《中华人民共和国土地管理法》规定"各级人民政府应当组织编制土地利用总体规划，任何单位和个人都必须严格按照土地利用总体规划确定的用途使用土地"，明确限定了在污染场地管理过程中，修复后场地开发的方向；第二，《中华人民共和国土地管理法》规定"国家应当建立土地调查、统计制度和土地管理信息系统，实现对土地利用状况进行动态监测"，规范了污染场地管理活动，使得污染场地管理制度化；第三，《中华人民共和国土地管理法》规定"建设项目可行性研究论证时，土地行政主管部门可以根据土地利用总体规划、土地利用年度计划和建设用地标准，对建设用地有关事项进行审查，并提出意见"，规范了污染场地的再开发程序；第四，《中华人民共和国土地管理法》规定"县级以上人民政府土地行政主管部门对违反土地管理法律、法规的行为进行监督检查"，为国内选择适应的污染场地管理监督主体提供了参照样本	国内规制土地管理活动的专门法律
8	《中华人民共和国环境影响评价法》	在污染场地治理过程中，尤其是污染场地的修复以及修复后的场地的再开发都要求进行环境影响评价，因此《中华人民共和国环境影响评价法》对污染场地的管理活动具有很大的实际意义，其包含的环境影响评价程序性规定可以适用于污染场地管理	该法的立法目的是能够预防项目或规划的实施给环境带来的负面影响
9	《中华人民共和国放射性污染防治法》	由于放射性废物是污染场地的污染源之一，因此对被放射性废物污染的污染场地进行管理时，可以直接适用《中华人民共和国放射性污染防治法》	该法是一部规定如何防治放射性废物的法律

规制污染场地管理的法规较多，其中大多数为上述法律的实施细则。其中，常见的与污染场地管理相关的法规具体见表1-2。

表1-2 涉及污染场地的主要法规

序号	主要法规	关于土壤的规定	备注
1	《土地复垦条例》	该条例要求从事开采矿产资源、燃煤发电等生产建设活动，造成土地破坏的单位或个人，按照"谁破坏、谁复垦"的原则，实行土地复垦；同时还对生产建设过程造成土地物理性破坏的，要求采取必要的整治措施，使土地恢复到可供利用的状态	2011年发布
2	《城市房地产开发经营管理条例》	该条例规定，房地产开发项目应当符合土地利用总体规划等的要求，注重开发基础设施薄弱、交通拥挤、环境污染严重以及危旧房屋集中的区域，保护和改善城市生态环境。在污染场地管理中，房地产开发是重要的场地再开发利用方向之一，因此该条例对场地开发房地产项目具有指导意义	1998年发布并于2020年修订
3	《危险化学品安全管理条例》	该条例规定，在处置危险化学品时，应当按照国家既定的标准进行处置，采取科学、安全的处置方法，避免事故蔓延扩大。这也可以适用于污染场地管理。当管理危险化学品的污染场地时，在场地的治理和修复过程中，应当合理处置化学品污染物，避免造成二次污染	2002年发布并于2013年修正
4	《建设项目环境保护管理条例》	该条例提出了改建、扩建项目和技术改造项目必须采取措施，治理与该项目有关的原有环境污染和生态破坏；建设项目应当实施环境影响评价制度。这两点都直接调整了污染场地的修复和再开发管理活动	1998年颁布并于2017年修改
5	《地下水管理条例》	该条例规定，依照《中华人民共和国土壤污染防治法》的有关规定，安全利用类和严格管控类农用地地块的土壤污染影响或者可能影响地下水安全的，制定防治污染的方案时，应当包括地下水污染防治的内容。对污染物含量超过土壤污染风险管控标准的建设用地地块，编制土壤污染风险评估报告时，应当包括地下水是否受到污染的内容；对列入风险管控和修复名录的建设用地地块，采取的风险管控措施中应当包括地下水污染防治的内容。对需要实施修复的农用地地块，以及列入风险管控和修复名录的建设用地地块，修复方案中应当包括地下水污染防治的内容	2021年12月1日起施行

1.3.4 国内污染场地修复相关标准规范

为了更好地保障污染场地治理和修复的宏观政策得以贯彻，我国还颁布了一系列标准及技术规范，具体见表1-3。

表1-3 污染场地修复相关标准规范

序号	发布时间	标准规范名称	主要内容
1	2014年11月	《工业企业场地环境调查评估与修复工作指南（试行）》	规范有序地推动地方开展污染场地调查评估与修复，统筹解决污染场地全过程环境管理中产生的具体操作问题。根据污染场地全过程管理的原则，统筹考虑土壤和地下水等环境介质，对场地调查、风险评估、治理修复、环境监理、验收及长期风险管理等所有环节，明确了各方责任，理顺了工作程序，提出了技术方法，细化了操作规范
2	2018年6月	《土壤环境质量 建设用地土壤污染风险管控标准（试行）》（GB 36600—2018）	规定了保护人体健康的建设用地土壤污染风险筛选值和管制值，为落实"土十条"和《污染地块土壤环境管理办法（试行）》提供了技术依据
3	2018年12月	《污染地块风险管控与土壤修复效果评估技术导则（试行）》（HJ 25.5—2018）	完善了污染地块土壤环境管理技术支撑体系，指导和规范了污染地块风险管控与土壤修复效果评估工作
4	2019年12月	《建设用地土壤污染状况调查技术导则》（HJ 25.1—2019）、《建设用地土壤污染风险管控和修复监测技术导则》（HJ 25.2—2019）、《建设用地土壤污染风险评估技术导则》（HJ 25.3—2019）、《建设用地土壤修复技术导则》（HJ 25.4—2019）、《建设用地土壤污染风险管控和修复术语》（HJ 682—2019）	这5项标准的实施进一步加强了建设用地环境保护监督管理，规范了建设用地土壤污染状况调查、土壤污染风险评估、风险管控、修复等相关工作。同月，生态环境部会同自然资源部研究制定了《建设用地土壤污染状况调查、风险评估、风险管控及修复效果评估报告评审指南》，指导和规范了建设用地土壤污染状况调查报告、土壤污染风险评估报告、风险管控效果评估报告及修复效果评估报告的评审工作
5	2021年1月	2020年《国家先进污染防治技术目录（固体废物和土壤污染防治领域）》	征集并筛选了一批固体废物和土壤领域污染防治先进技术，满足了污染治理对先进技术的需求，推动了固体废物和土壤污染防治领域的技术进步

续表

序号	发布时间	标准规范名称	主要内容
6	2021 年 12 月	《建设用地土壤污染风险管控和修复名录及修复施工相关信息公开工作指南》	规范和指导了建设用地土壤污染风险管控和修复名录，要求各省级人民政府生态环境主管部门分别于每年 1 月 15 日、7 月 15 日前，将截至上年度 12 月底、本年度 6 月底的名录及移出清单有关情况报告生态环境部，同时对土壤污染修复施工期间相关情况和环境保护措施等公开工作进行指导

1.4 国内焦化污染场地发展历史与现状

1.4.1 国内焦化产业发展历史

我国焦化行业历史悠久，我国是世界上最早发明炼焦技术和使用焦炭的国家。据史料记载，早在宋元时期，我国就已经发明了炼焦技术。20 世纪 90 年代以来，随着世界经济的复苏与我国经济的快速发展，特别是国内钢铁生产的快速增长以及国际焦炭市场需求量的剧增，国内焦化行业迅猛发展。

据相关资料记载，从 1893 年张之洞主持兴建的汉阳铁厂投产、中国近代钢铁工业兴起，到 1948 年的半个多世纪中，中国累计生产粗钢 686.7 万 t，生铁约 2 253 万 t；焦化工业基础更为薄弱，从 1919 年中国第一座焦炉投产到 1949 年 9 月，完全依靠外国技术和设备，建设了 28 座、1 137 孔焦炉。中华人民共和国成立后，变革了生产关系，解放了生产力，使国内钢铁—焦化工业重新兴起。1978 年改革开放前的 30 年间，我国的钢铁—焦化工业基本上是在一穷二白的一片废墟上起步的，在经历了加快生产恢复和改造建设后，焦化工业开始加快发展，初步建立起现代钢铁—焦化工业体系框架，为国内钢铁工业和国民经济的后续发展打下了重要的物质基础。

从"一五"时期炼焦工业的恢复和新建，到引进苏联的炼焦技术与焦炉管理经验，鞍钢建设了由苏联设计的 ITBP 型和 ITK 型焦炉；武汉、包头、马鞍山、湘潭、重庆、宣化等地 6 个大中型钢铁联合企业内的炼焦厂和北京、上海两地的大型炼焦厂建设投产；因重视焦化生产环境保护、污水处理，1970 年，我国第一套工业规模的污水生物化学处理装置建成投产。

1965 年，国内自行设计的 5.5 m 大容积焦炉首先在攀钢开始建设；1970 年
6 月，1# 焦炉顺利投产，2#、3#、4# 焦炉也相继在 1971 年、1972 年、1973 年投
产，为中国焦炉大型化建设生产迈出了可喜的第一步。为充分利用弱黏结性气煤资
源，北台钢铁厂、淮南化工厂、镇江焦化厂开发建设捣固焦炉。到 1978 年，全国
焦炭产量为 4 690 万 t。

1978 年 12 月，中国共产党十一届三中全会胜利召开，开启了我国改革开放发
展的新时期。40 多年来，随着国民经济的持续快速发展，钢铁冶金、化工、有色、
机械制造等行业的巨大市场需求强力地推动了国内焦化行业的快速发展。

进入 21 世纪，国内开始建设并引进大型现代化大容积焦炉。目前，国内已形
成包括常规顶装焦炉、捣固焦炉、热回收焦炉、直立干馏炉的，世界上最为完整的
焦炉体系，工艺技术装备大型化已成为发展的主方向。

2021 年 1 月，中国炼焦行业协会印发《焦化行业"十四五"发展规划纲要》，
指出全国焦化生产企业有 500 余家，焦炭总产能约为 6.3 亿 t。其中，常规焦炉产
能为 5.5 亿 t，半焦（兰炭）产能为 7 000 万 t［部分电石、铁合金企业自用半焦
（兰炭）生产能力未统计在全国焦炭产能中］，热回收焦炉产能为 1 000 万 t。根据
国家统计局和中国炼焦行业协会统计数据，山西省产能超过 1 亿 t，河北省、山东
省、陕西省、内蒙古自治区产能均超过 5 000 万 t。半焦（兰炭）生产主要集中在
陕西、内蒙古、宁夏及新疆等地区，热回收焦炉主要集中在山西、河北等地区。

据中国炼焦行业协会统计，截至 2020 年 6 月底，国内现有常规机焦炉 1 156 座，
产能为 55 130 万 t。其中，5.5 m 级以上焦炉有 562 座，产能为 34 556 万 t，占总
产能的 62.68%；4.3 m 焦炉有 594 座，产能为 20 574 万 t，占总产能的 37.32%。同
时，焦化产业焦炉煤气制甲醇总能力达到 1 400 万 t/a 左右，焦炉煤气制天然气能
力超 60 亿 m³/a；煤焦油加工总能力达到 2 400 万 t/a 左右；苯加氢精制总能力达到
600 万 t/a 左右，干熄焦处理能力为 44 150 t/h。

1.4.2 国内焦化污染场地现状

焦化行业整体上属于高污染、高消耗的行业，发达国家在逐步淘汰焦化行业。
由于改革开放后国内焦化行业的迅猛发展，到 2004 年年底，全国焦化生产企业有
1 400 多家，机焦生产能力约为 2.7 亿 t。到 2005 年年底，全国焦炭生产能力突破
3 亿 t，全国焦化市场基本接近饱和。

2004 年，国家发展改革委、财政部、商务部等 9 部委联合发出《关于清理规
范焦炭行业的若干意见》，明确指出："焦炭行业是高污染行业，目前在建项目生产

能力已远远超过了预期需求，必将导致产能过剩、竞争无序、浪费资源和污染环境，甚至造成金融风险和社会、经济其他方面的隐患。"同时，进一步明确，按照《中华人民共和国水污染防治法》《中华人民共和国大气污染防治法》等有关法律法规要求，坚决淘汰土焦（改良焦），对土焦（改良焦）生产装置进行废毁处理等。

为进一步巩固炼焦行业清理整顿成果，促进产业结构升级，规范行业发展，维护市场竞争秩序，国家发展改革委发布了《焦化行业准入条件》。2014 年修订的准入条件进一步要求：常规焦炉中，顶装焦炉炭化室高度≥6 m、容积≥38.5 m³；捣固焦炉炭化室高度≥5.5 m、捣固煤饼体积≥35 m³；企业生产能力≥100 万 t/a；热回收焦炉捣固煤饼体积≥35 m³，企业生产能力≥100 万 t/a（铸造焦生产能力≥60 万 t/a）；半焦炉单炉生产能力 ≥10 万 t/a，企业生产能力 ≥100 万 t/a。国家发展改革委发布的《产业结构调整指导目录（2011 年本）》，将炭化室高度小于 4.3 m 的焦炉及单炉产能在 5 万 t/a 以下的半焦生产装置列为淘汰类项目。

为贯彻落实《国务院关于发布实施〈促进产业结构调整暂行规定〉的决定》（国发〔2005〕40 号）和《国务院关于加快推进产能过剩行业结构调整的通知》（国发〔2006〕11 号）要求，根据当时国内焦化行业现状和存在的问题，2006 年 3 月 22 日，国家发展改革委发布了《国家发展改革委关于加快焦化行业结构调整的指导意见的通知》。此后，国内焦化行业认真贯彻落实，坚决淘汰关停土焦、改良焦生产及工艺装备，停止建设和关停改造炭化室高度在 4.3 m 以下的落后小焦炉。

党的十八大以来，我国加大了环境污染治理力度，相关的政策法规标准持续密集出台，监管机制和措施不断健全。针对焦化行业，我国于 2012 年发布《炼焦化学工业污染物排放标准》（GB 16171—2012），要求 2012 年 10 月执行现有企业污染物排放限值，2015 年执行新建企业污染物排放限值，2019 年 10 月部分地区执行特别污染物排放限值。第一次将焦炉排放的氮氧化物列为国内焦化企业大气污染物排放的控制指标，并对颗粒物和二氧化硫的排放提出了更严格的要求。2018 年，环境保护部发布《关于京津冀大气污染传输通道城市执行大气污染物特别排放限值的公告》，规定京津冀大气污染传输通道城市（即"2+26"城市）的新建焦化项目，对于国家排放标准中已规定大气污染物特别排放限值的行业以及锅炉，自 2018 年 3 月 1 日起，新受理环评的建设项目执行大气污染物特别排放限值；现有焦化企业，对于国家排放标准中已规定大气污染物特别排放限值的行业以及锅炉，自 2019 年 10 月 1 日起，执行二氧化硫、氮氧化物、颗粒物和挥发性有机物特别排放限值。2018 年，国务院发布了《打赢蓝天保卫战三年行动计划》，要求加大区域产业布局调整力度，推动实施一批水泥、平板玻璃、焦化、化工等重污染企业搬迁工程；加大落后产能淘汰和过剩产能压减力度，重点区域加大独立焦化企业淘汰力度，京津冀及周边地区实施"以钢定焦"，力争 2020 年炼焦产能与钢铁产能比达到 0.4 左右。

为改善大中城市的环境，北京炼焦化学厂、天津第二煤气厂等一批城市煤气供应焦化企业被天然气供应企业置换而整体关停，首钢、太钢、鞍钢、马钢等一批大中型钢铁联合企业的焦化厂中老旧 4.3 m 焦炉被关停，为焦化行业节能减排、建设资源节约型和环境友好型企业作出了巨大贡献。

至 2008 年年底，土焦（改良焦）生产已基本得到遏制，单炉 5 万 t/a 及以下小半焦（兰炭）焦炉基本关停，4.3 m 及以下老旧和落后小机焦炉加快关停淘汰，全国累计取缔关停土焦、改良焦、小半焦（兰炭）、小机焦炉等达 1 亿 t，基本消除土焦（改良焦）生产，机焦产量比重达到 99% 以上。2010—2014 年，全国分 7 批对 423 家企业合计 9 456 万 t 落后产能进行关停淘汰，推进了产业机构与布局调整。2020 年以来，仅山西、河北、河南三省就合计淘汰或关停改造 107 家焦化企业的 232 座焦炉、4 886 万 t 焦炭产能。

焦化企业的陆续关停或搬迁产生了一批废弃的焦化场地，且数量不断增加。由于焦化行业占地面积大、污染严重且污染物成分复杂，同时大部分关停企业为生产工艺落后、环保设施不完善的企业，企业多年运营后遗留下来的焦化场地土壤中积累了大量的有毒有害物质，造成的场地土壤污染状况十分严重，且焦化污染场地经再次开发利用为居住用地、商业用地、公共设施用地及绿化用地，对人体健康和生态环境存在极大的安全隐患。因此，焦化污染场地的修复利用已成为人们的关注重点。

为贯彻落实《中华人民共和国土壤污染防治法》《污染地块土壤环境管理办法（试行）》关于实行建设用地土壤污染风险管控和修复名录制度的规定，生态环境部要求各省级人民政府生态环境主管部门及时将需要实施风险管控、修复的地块纳入建设用地土壤污染风险管控和修复名录，并向社会公开。截至 2022 年 2 月，各省份生态环境主管部门已公开的最新建设用地土壤污染风险管控和修复名录与建设用地土壤污染风险管控和修复名录移出清单显示，全国建设用地土壤污染风险管控和修复名录现有地块 819 块，可明确移出名录地块 378 块。

第 **2** 章
焦化场地污染特征

我国焦化行业历史悠久。迄今为止，我国焦炭行业产能规模超过 5 亿 t，产量长期超过 4 亿 t，焦炭产量与出口量跃居世界第一位[8]。

山西是全国最大的炼焦煤资源基地，炼焦用煤资源探明储量在 1 245.92 亿 t，占全国的 51.76%，占全省煤炭资源探明储量的 57.6%。丰富的炼焦煤资源加上国内、国际急速膨胀的钢铁工业需求，使得山西省焦化工业得到飞速发展，成为重要的支柱产业之一。

为了深入了解焦化场地污染特征，本章从山西焦化行业发展历史，焦化原辅材料及生产工艺，焦化生产产排污环节，焦化场地特征污染物及其分布规律、迁移特征等方面进行论述。

2.1 山西焦化行业发展历史

山西是全国重要的焦炭生产基地，焦炭产量和外调量居全国首位，多年来保持着世界最大焦炭出口基地的地位。改革开放 40 多年是山西焦化产业炼焦炉炉型改造提升最快的时期，先后从土焦炉推广为改良焦炉，再由改良焦炉发展为机焦炉，机焦炉炭化室高度由 2.8 m 逐步提升为 7.63 m，达到世界同行业先进水平。

2.1.1 土法炼焦

土焦炉的初期炉型是以圆堆炼焦中兴窑和长方形堆萍乡窑为代表，属于 18 世纪初在欧洲兴起的成堆干馏窑技术。20 世纪 80 年代初，国内钢铁工业的发展进一步刺激了焦炭市场的需求，充足且廉价的原材料供应、需求旺盛的市场使山西的焦化企业遍地开花。这一时期，土法炼焦占据了山西焦炭产量的半壁江山。土法炼焦是在炉窑内不隔绝空气的条件下，借助窑炉边墙的点火孔人工点火，将堆放在窑内的炼焦煤点燃，靠炼焦煤自身燃烧的热量逐层将煤加热，煤燃烧产生的废气与未燃尽的大量煤裂解产物形成的热气流经窑室侧壁的导火道继续燃烧，并将部分热传入窑内。这个过程延续 8～11 天，焦炭成熟，从人工点火孔注水熄焦，冷炉，扒焦。高温燃气流则夹带着未燃尽的煤裂解物排入大气。

由于土法炼焦既严重浪费资源，又严重污染环境[9]，1986 年，国务院发布《节约能源管理暂行条例》，以立法的形式明确限制土法炼焦生产。至 1992 年，山西基本取缔了土焦炉。土法炼焦生产现场见图 2-1。

图 2-1　土法炼焦生产现场

2.1.2　改良焦炉

改良焦炉是山西为了取缔呈堆式和蜂窝式的土法炼焦炉而开发的新型炼焦炉型的统称。改良焦炉虽然比土焦炉有优越性，但是炉型过多、过乱，排污和经济技术水平差距很大[10]。为了筛选出较好的改良焦炉，有关部门对全省 12 种改良焦炉的污染物排放进行全面监测、经济技术性能评价后，分了三类，并提出根据情况区别对待的意见：第一类是 75 型、JKH-89 型（见图 2-2）、91 型等以外热为主、炉体结构严密的 4 种倒焰炉，在一定期限内过渡使用，作为落后改良焦炉的替代技术；其余 8 种较落后改良炉型均限期于 1996 年年初彻底取缔淘汰。十几年间，山西改良焦炉经历了开发研制、更新改造、筛选、提高 4 个阶段，由以内热成焦的蜂窝炉发展为以外热为主的联体式倒焰炉，各项技术、经济指标及污染物排放都有显著改善，但吨焦颗粒物排放量仍在 0.5～10 kg 之间、苯并（a）芘排放量在 0.006～0.20 g 之间。经过这一阶段的生产实践，技术、经验、资金得到积累，为提高焦化行业管理水平、开发低污染新型炼焦炉、应用现代化炼焦技术奠定了基础。

改良焦炉作为落后炉型的替代与过渡，完成了其历史任务，国务院要求于 2000 年年底关停、拆除。

图 2-2　JKH-89 型焦炉

2.1.3　清洁型热回收焦炉

清洁型热回收焦炉是山西省重点科技攻关项目研发的一种具有知识产权的炼焦新工艺。该焦炉的成功研发大大拓宽了炼焦煤的应用范围。清洁型热回收焦炉是采用负压控制方式进行生产的，这是与传统机焦炉采用炉内正压控制生产全然不同的一种工艺技术路线。炉内负压控制使得该炉型具有炼焦时烟气不向外泄漏等有利于环境保护的清洁生产工艺特点，加之二次燃烧进一步使污染物分解，从而为清洁型热回收焦炉大气污染物排放远低于传统机焦炉的工艺特征提供了技术支持。但是在熄焦过程中，部分场地以湿法熄焦为主，在该过程中会产生酚、氰化物、硫化氢、氨、多环芳烃、苯系物等有毒气体，严重污染大气和周边环境。清洁型热回收焦炉的生产工艺流程见图 2-3。

2.1.4　中小机焦炉

由于资金短缺，加上对焦化生产经济效益、环境效益缺乏科学的认识，1994—1997 年，山西省一些地区陆续建成一批炭化室高度为 2.5 m 或更低的小型机焦炉，俗称"小机焦"，总生产能力约 700 万 t。由于简化了煤气净化和化产回收工艺，大多数小机焦炉荒煤气直接排放，资源浪费和污染十分严重[11]。

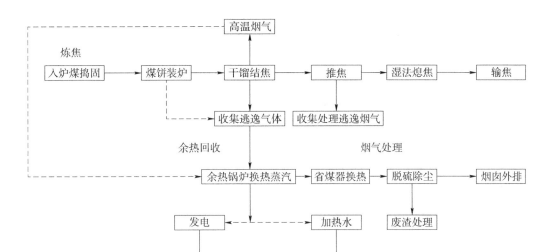

图 2-3　清洁型热回收焦炉的生产工艺流程

有了一定的资金，加上冶金工业和城市发展对煤气的需求，1996—1997 年，山西省陆续建设了一批炭化室高度为 2.8 m、有效容积为 11.2 m³ 的室式机焦炉。虽然这些机焦炉已经具备了一定的焦炉煤气和产品回收能力，对环境的污染有所减轻，而且焦炭的质量相对稳定，但根据监测结果，废气、废水污染物达标率很低，很难满足环保要求，如典型的 JN2.8 炉（见图 2-4）的颗粒物和苯并（a）芘排放浓度分别达 6.99 mg/m³ 和 11.41 μg/m³。1997 年，山西省政府发文规定，不再新建炭化室高度为 2.8 m 及以下、单炉产量在 20 万 t/a 及以下的机焦炉。1999 年，山西省经贸委明确行文，不再审批建设炭化室高度低于 4 m、生产规模小于 40 万 t/a 的机焦项目。

图 2-4　JN2.8 炉

2.1.5　4.3 m 捣固焦炉

2002 年开始，一批 4.3 m 捣固焦炉逐步建成，成为山西省的主力炼焦炉型（见图 2-5），也构成此后一段时期山西焦炉的基本格局。但在此阶段，焦炉煤气点"天灯"直接燃烧现象普遍，资源浪费和环境污染十分严重[12]。2008 年，全省焦化行业整体陷入低迷，企业连年亏损，山西焦化行业升级转型迫在眉睫。为此，山西省出台了一系列提高焦炉煤气利用效率的政策措施，逐步实现了焦炉煤气变"废"为"宝"，至 2014 年山西焦化行业彻底告别了焦炉煤气点"天灯"的原始阶段，开始了大规模的环保投入和环保提标改造，包括焦炉烟气脱硫脱硝、装煤推焦无组织废气治理、煤场全封闭、熄焦废水治理、超低排放改造、挥发性有机污染物治理等，焦化行业环保改造始终在进行中[13]。2021 年 5 月 13 日，山西省人民政府办公厅印发《山西省空气质量巩固提升 2021 年行动计划》，明确提出大力整治结构性污染，加速淘汰退出炭化室高度为 4.3 m 的焦炉。

图 2-5　4.3 m 捣固焦炉

2.1.6　大机焦

2003—2008 年，大机焦产量比例不断增大，从 27.02% 增加到 86.69%。同时，山西焦化、太原煤气化、安泰焦化建成炭化室高度为 6 m 的焦炉，太钢焦化建成炭化室高度为 7.63 m 的焦炉[14]。到"十三五"时期末，全省建成炭化室 6 m（含5.5 m 捣固焦炉，见图 2-6）以上节能环保高效现代化大机焦 5 000 万 t 以上，形成

500 万 t 焦炉煤气制甲醇、50 亿 m³ 焦炉煤气制天然气、300 万 t 以上煤焦油加工和 100 万 t 以上粗苯精制能力。2020 年，全省焦化企业累计关停淘汰 4.3 m 焦炉产能 2 000 万 t 以上，炭化室高度 5.5 m 以上的焦炉占到 50% 以上。部分大机焦场地仍以湿法熄焦为主，大量的水蒸气直接进入空气，其中包含大量的粉尘、酚类、氰化物、硫化物等有毒、有害气体，严重污染大气及周围环境。

图 2-6　5.5 m 捣固焦炉

2.1.7　熄焦工艺升级

2022 年以前，山西省炼焦生产过程中的熄焦方法主要是湿法熄焦。2022 年 1 月 15 日，山西省举行全省熄焦工艺升级改造启动仪式。全面启动焦化行业熄焦工艺升级改造，即从湿法熄焦到干法熄焦的转变，推动焦化行业绿色发展。

干法熄焦是焦化行业重大的节能环保技术，是替代湿法熄焦的熄焦技术。目前，山西省一些大型焦化企业正在越来越多地采用干法熄焦技术。干法熄焦的焦炭由炭化室推入焦罐车，由电机车牵引运至干熄焦装置提升机井架中心。由提升机把焦罐吊至干熄槽上部，将焦炭装入干熄焦预存室内，经预存室向下至熄焦室，在此与逆流的闭路循环惰性气体接触，使焦炭温度由 1 000℃ 降至 200℃ 以下。焦炭经振动给料器和氮气保护的转动密封阀排出，运入筛焦装置。惰性气体温度则由 130℃ 上升至 900℃ 左右，经重力沉降槽捕集粗焦粉后进入废热锅炉，产生高压蒸气。出废热锅炉的气体经多管旋风分离器除去细粉尘后，再经循环风机吸气管由风机送到干熄槽底部循环使用。其工艺流程见图 2-7。

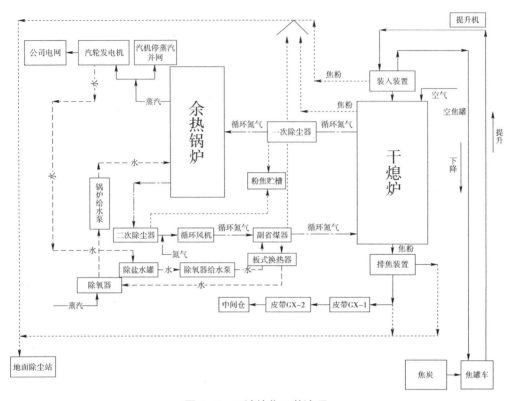

图 2-7 干法熄焦工艺流程

干法熄焦采用干熄焦除尘系统、筛焦除尘系统，可从根本上解决湿法熄焦所带来的污染，在改善环境质量的同时能够提高焦炭的质量，起到节能与环保的双重作用。

2.2 焦化原辅材料及生产工艺概述

当前关闭焦化场地以 4.3 m 捣固焦炉为主，因此后文主要分析 4.3 m 捣固焦炉场地焦化原辅材料生产工艺、焦化场地产排污环节、焦化场地特征污染物以及特征污染物的分布规律与迁移规律。

焦化生产包括备煤、装煤、高温干馏、推焦、熄焦、荒焦炉煤气净化和废水处理等环节，各个环节在生产过程中会产生废气、废水和废渣，其中的有害物质经泄漏、沉降、淋溶，进入焦化场地的土壤中，造成土壤污染，进而污染地下水[15-17]。因此有必要开展焦化原辅材料以及生产工艺分析，这对于分析预测焦化场地土壤中的污染物分布特征具有积极的指导意义。

2.2.1　焦化原辅材料

焦化工艺原辅材料相关内容主要根据山西某焦化厂相关资料总结得出（见表 2-1）。此焦化厂于 20 世纪 80 年代投产，年产城市煤气 1.4 亿 m³，优质冶金焦炭超 70 万 t，焦油、粗苯、硫铵、黄血盐等化工产品 5 万余 t。此焦化厂于 2012 年 4 月 26 日正式停产，厂区服役 30 年，是焦化行业的典型场地，其焦化工艺原辅材料在整个焦化行业有一定代表性。

表 2-1　山西某焦化厂焦化工艺原辅材料及产品概述

原料名称	规格	单位	用量
原料混精煤	含水 8%	t/a	660 000
硫酸	92.50%	t/a	6 363
烧碱	42%	t/a	707
纯碱	100%（工业品）	t/a	658
纯碱	100%（一级品），黄血盐钠生产专用	t/a	143
洗油	自产	t/a	630
重苯	自产	t/a	92
铁刨花	——	t/a	33
偏钒酸钠	工业品	t/a	1
蒽醌二磺酸钠	工业品	t/a	11
酒石酸钠	工业品	t/a	5.5
氢氧化钡	工业品	t/a	11
醋酸	工业品	t/a	5.7
产品名称	规格	单位	产量
焦炭（全焦）	冶金、铸造、铁合金、合成氨、民用燃料等	t/a	450 000
焦炉煤气	民用燃料、工业燃料	m³/h	23 000
粗焦油	加工成轻油、萘、酚、蒽、吡啶，可用于生产塑料、合成纤维、染料、橡胶、医药、耐高温材料等	t/a	22 000
粗酚		t/a	77
硫铵		t/a	5 440
黄血盐钠		t/a	50
重苯	燃料、化学溶剂等	t/a	218

续表

产品名称	规格	单位	产量
轻苯		t/a	4 800
甲苯		t/a	780
二甲苯		t/a	180
萘溶剂油		t/a	1 140
轻溶剂油		t/a	50
硫黄	用于制造染料、农药、火柴、火药、橡胶、人造丝等	t/a	1 508
硫氰化钠		t/a	236
硫代硫酸钠（粗制品）		t/a	266

2.2.2 焦化生产工艺

焦化场地主要由备煤、炼焦、化产、生化废水处理等车间组成，其总体工艺布局流程见图 2-8。

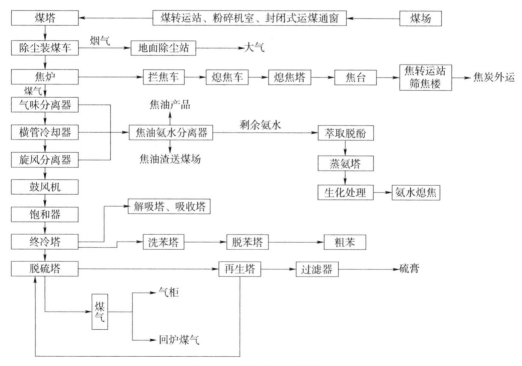

图 2-8 炼焦生产工艺流程

主要生产工序及工艺流程如下。

2.2.2.1　备煤车间

备煤车间由受煤、贮煤、配煤、粉碎、皮带输送、煤转运站、贮煤塔等工序组成。备煤车间工艺流程见图 2-9。

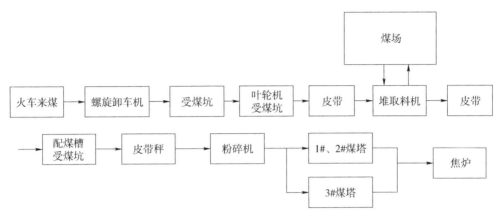

图 2-9　备煤车间工艺流程

2.2.2.2　炼焦车间

由备煤车间送来配好的洗精煤，装入煤塔，装煤车从煤塔取煤后将煤加入炭化室内。煤料在炭化室内经过一个结焦周期的高温干馏，炼制成焦炭和荒煤气。经高温干馏结焦形成的焦炭由推焦车推出，经熄焦塔淋水冷却，冷却后的焦炭卸在晾焦台上，然后由刮板式自动放焦装置刮到皮带机上，送往筛焦、贮焦工段。高温干馏煤气经冷却后送化产车间净化。值得注意的是目前熄焦方式仍以湿法熄焦为主，但是在焦化行业绿色发展的大背景下，干法熄焦正在被逐步推广。炼焦车间生产工艺流程见图 2-10。

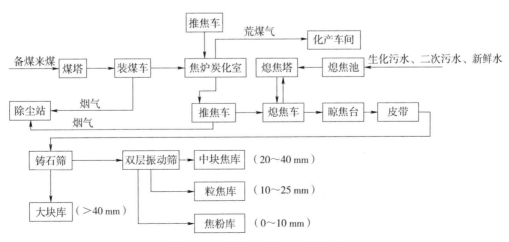

图 2-10　炼焦车间生产工艺流程

2.2.2.3 化产车间

化产车间由冷鼓工序、硫铵工序、粗苯工序、脱硫工序、脱酚工序、黄血盐工序等组成。

（1）冷鼓工序

从焦炉来的荒煤气经气液分离器，将煤气与冷凝液分开。化产车间冷鼓工序工艺流程见图 2-11。

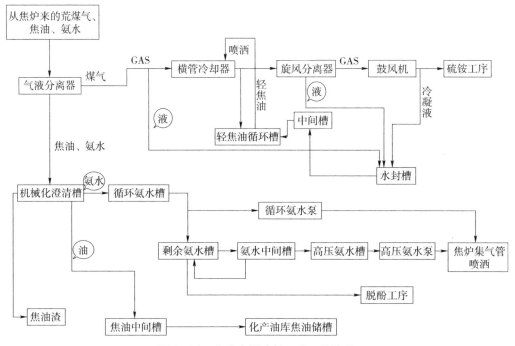

图 2-11　化产车间冷鼓工序工艺流程

煤气进入横管冷却器冷却后，进入旋风分离器分离掉所夹带的轻焦油，由鼓风机压送至硫铵工序。横管冷却器冷凝下来的轻焦油，由泵打入轻焦油洗萘中间槽进行油水分离，经中间槽又压入循环槽。轻焦油由泵打入横管冷却器，分两段喷洒，与煤气顺流接触以脱除煤气中所含的萘。洗萘后的轻焦油又推入循环槽。冷凝液进入机械化澄清槽，沉降分离后得到的氨水进入循环氨水槽、氨水中间槽和高压氨水槽，循环氨水用泵送往焦炉喷洒，冷却荒煤气，从中间槽满流出的氨水进入剩余氨水槽，剩余氨水用泵送至脱酚工序处理。从机械化澄清槽得到的焦油压入焦油中间槽，用泵送至酸碱库脱水，澄清槽中的焦油渣被刮板机刮至槽外处理。焦炉无烟装煤时所用的高压氨水是用高压氨水泵从高压氨水槽抽取送至焦炉的。喷洒后的氨水经集气管、气液分离器回到机械化澄清槽。

（2）硫铵工序

由冷鼓工序送来的煤气，经蒸气预热后进入喷淋式饱和器的上段喷淋室，在此分两股沿饱和器内壁与内除酸器外壁的环形空间流动，经循环母液逆向喷洒并与母液充分接触，氨被吸收后，煤气合成一股，沿切线方向进入饱和器内除酸器，分离煤气中夹带的酸雾后，送往粗苯工序。饱和器在生产时母液中不断有硫铵结晶产生，由上段喷淋室的降液管流至下段结晶室的底部，用结晶泵将其连同一部分母液送至结晶槽沉降，然后排放至离心机内进行离心分离，滤液母液用热水洗涤结晶，离心机分离出的母液与结晶槽满流出的母液一同自流回饱和器下段的母液中。酸库来的硫酸先送至高位槽，自流入满流槽或母液循环泵的吸入管道。饱和器定期补水，并用水冲洗饱和器，形成的母液即由满流槽流至母液贮槽。带入母液的焦油经满流槽至母液贮槽，定期捞出。从离心机来的硫铵产品，由螺旋给料机送至干燥冷却器，用被热风机加热的空气干燥，然后称量、推包、缝袋、送入成品库。干燥冷却器顶部排出的尾气经旋风分离，由引风机引出，再经过水浴器过滤洗涤尾气中夹带的硫铵颗粒，然后排至大气。化产车间硫氨工序工艺流程见图 2-12。

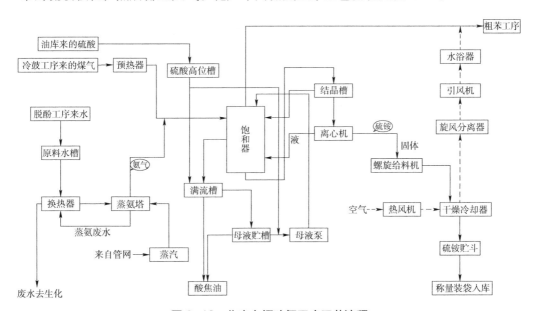

图 2-12 化产车间硫氨工序工艺流程

（3）粗苯工序

从硫铵工序来的煤气首先进入终冷塔经终冷水直接冷却到 25℃左右，去洗苯塔回收煤气中的苯。煤气通过两台串联的洗苯塔与洗油逆流接触，洗涤煤气中的苯，洗涤后的煤气送去脱硫工序。冷却煤气的终冷水由终冷水泵自终冷水池抽出，经终冷水冷却器降温后送往终冷塔顶，自上而下与煤气逆流接触以冷却煤气，然后退回终冷水池，其中部分终冷水去黄血盐工序脱氰。洗苯用贫油，由贫油槽用泵依次送往两台洗苯塔，洗苯后的富油用泵加压去脱苯系统，将所含的苯和萘脱除回收，脱除苯和萘的洗油返回贫油槽循环使用。富油首先进入油－油换热器，富油在此被 175~190℃ 的热贫油加热到 150℃ 左右后进入管式炉，在管式炉中富油被加热到 180℃ 左右后进入脱苯塔。在塔中蒸出的粗苯蒸气从塔顶逸出进入粗苯冷凝冷却器冷却，粗苯蒸气被冷凝成液体，出口温度为 30℃ 以下，然后进入油水分离器，分离水后的粗苯一部分回流，一部分作为产品去粗苯贮槽。为了保证粗苯质量，需控制粗苯回流量。富油中的萘在脱苯塔 19~25 层去除，自流到萘扬液槽。脱去苯和萘的贫油从脱苯塔底排出，经油－油换热器加热富油后，进入贫油冷却器，经过两段水冷后，温度降到 27~30℃，然后进入贫油槽，去洗苯塔循环使用。为了保证循环洗油质量，需抽取 1% 左右的循环量去再生器再生。化产车间粗苯工序工艺流程见图 2-13。

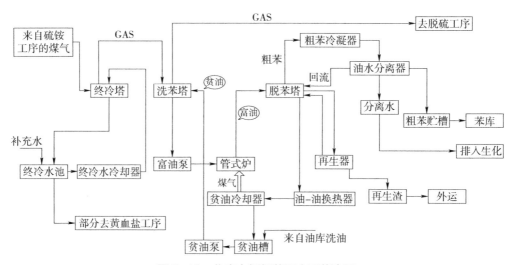

图 2-13　化产车间粗苯工序工艺流程

（4）脱硫工序

煤气流程：由粗苯工序来的焦炉煤气，经一级脱硫塔脱去 70% 的 H_2S，再进入二级脱硫塔脱硫后进入煤气总管，送至气柜供城市用气。部分煤气进入气液分离器，分离后供焦炉加热使用。溶液流程：脱硫溶液进入总管，经循环泵加压、换热器加热后进入再生塔再生，再生后的溶液进入脱硫塔，闭路循环。硫回收流程：脱硫溶液经脱硫塔吸收 H_2S 后，流入循环槽，被泵打入再生塔进行空气氧化再生，被吸收的 H_2S 氧化生成单质硫，单质硫在再生塔内被空气吹到塔顶、呈泡沫状悬浮于再生塔上部，由塔顶溢流至泡沫槽，在泡沫槽内直接加温到 60~65℃，硫泡沫浮于上层。经搅拌机搅拌，将硫泡沫打碎，然后经真空过滤机过滤，滤出的硫膏经漏斗放入硫膏槽，滤液回到循环槽循环使用。化产车间脱硫工序工艺流程见图 2-14。

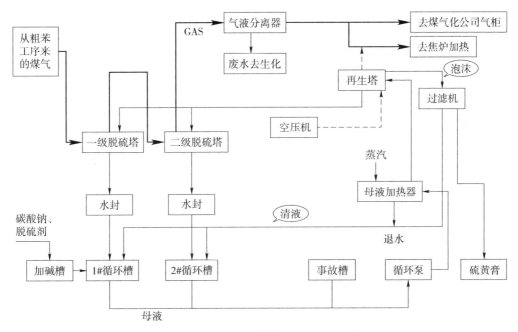

图 2-14　化产车间脱硫工序工艺流程

（5）脱酚工序

由冷凝鼓风工序送来的剩余氨水进入剩余氨水槽沉淀分离焦油后，流入两个串连的地下池，用泵打入焦炭过滤器再次除焦油后进入萃取塔顶部，煤油加 N-503 萃取油，用泵从循环油槽打入萃取塔下部，油水逆流接触进行萃取，塔底排出废水，经油水分离器后送到硫铵工序进行蒸氨处理。含酚萃取油由萃取塔顶流入碱洗塔，与塔内碱液充分接触生成酚钠盐。再生后的煤油加 N-503 萃取油，返回循环油槽重复使用。碱洗塔内生产的酚盐压入酚盐贮槽，外售。化产车间脱酚工序工艺流程见图 2-15。

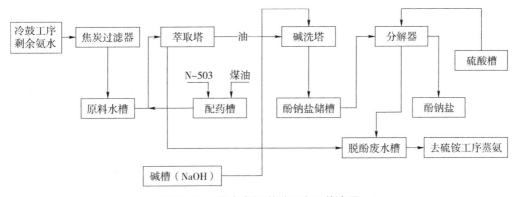

图 2-15　化产车间脱酚工序工艺流程

（6）黄血盐工序

粗苯终冷塔来的终冷水（含氰污水）进原料水槽，经原料水泵送往热交换器，在此含氰污水与解吸塔底出来的脱氰热污水进行热交换，最后进入解吸塔顶，与解吸塔底通入的直接蒸汽逆流接触，脱除原料水中的氰，塔底出来的脱氰污水经热交换器及水冷却器被冷却至40℃以下，送回粗苯工序。解吸塔顶出来的含氰化氢水蒸气进入加热器，用间接蒸汽加热到130℃以上后进入吸收塔。在此用碳酸钠溶液喷洒在铁刨花上并吸收氰化氢以生成黄血盐钠。吸收塔顶出来的蒸汽经尾气冷凝冷却器后，放空。冷凝液直接推入原料水槽。原料碳酸钠加入配碱槽，配制好的溶液由液下泵送入吸收塔。循环母液由循环泵送往预热器，加热到105～110℃后打到吸收塔顶部再进行循环喷淋。当循环母液中黄血盐含量高于270 g/L时，由母液循环泵将一部分母液送至沉降槽，沉降分离后将清液放入结晶槽，在不断搅拌和夹套冷却水冷却下生成黄血盐晶体，结晶终了将结晶液放入离心机，分离出黄血盐产品。分离出来的母液回母液槽或配碱槽，离心机出来的产品进行称量和包装。化产车间黄血盐工序工艺流程见图 2-16。

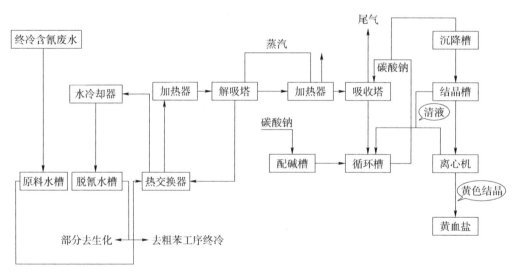

图 2-16　化产车间黄血盐工序工艺流程

2.2.2.4　生化废水处理

含酚氰、氨氮废水送至厂区生化废水处理站，废水处理采用 A^2O 法。进入废水处理站的废水，经除油后进入调节池均化水质，再进入酸化水解池，提高废水可生化性。此后，废水先后进入缺氧池、好氧池，在缺氧池中将废水中的氮以氮气的形式去除，在好氧池中完成 COD 的最终降解。出水自流入二沉池进行泥水分离，再进入混合反应池、絮凝沉淀池，出水全部回用于生产系统，并作为熄焦补水、荒煤气冷却水以及除尘冲洗水等。生化废水处理站处理工艺流程见图 2-17。

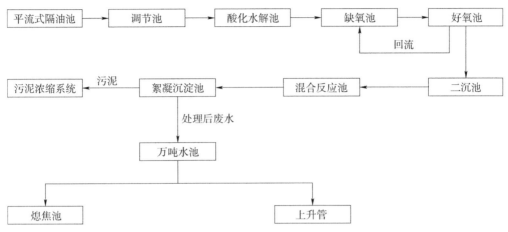

图 2-17　生化废水处理站处理工艺流程

2.3　焦化生产产排污环节

焦化场地生产车间众多，各个车间的生产过程都有"三废"产生，但种类不尽相同。分析炼焦各工序环节所产生的污染物对于预测场地土壤中污染物的分布有指导意义。

根据以上对焦化场地生产工艺的分析，筛选出可能污染的区域包括备煤车间、炼焦车间、化产车间、污水处理站以及生产辅助区等区域。根据调查，对不同区域污染物的产生过程进行分析论述。

2.3.1　备煤过程污染物产生环节

备煤车间一般是通过煤的储存、输送以及煤的粉碎、配合等工作来为炼焦车间提供数量和质量符合标准的配合煤。备煤过程产生的污染物主要由两种途径产生：一种是原煤的运输和装卸过程产生的煤粉，煤粉中含有痕量重金属元素；另一种是堆煤渗滤液随降雨进入土壤并垂直向下迁移，在土壤和地下水中造成污染，堆煤渗滤液包含的污染物可能有重金属和多环芳烃。

2.3.2　炼焦过程污染物产生环节

焦煤在焦炉中高温热解，热解过程及装煤、出焦和熄焦过程都会产生颗粒态、气态污染物，包括无机化合物（如 CO、SO_2、氰化物等）、有机物（如多环芳烃、苯系物、酚类及苯胺等)、重金属(如镉、砷等)。炼焦大气污染物排放伴随整个炼焦生产过程,污染物主要由 4 种途径产生。

(1)装煤过程污染物排放

经过配合后的煤料装入炭化室时排出大量荒煤气,装炉开始时空气中的氧气和入炉的细煤粒不完全燃烧形成含炭黑烟,产生的污染物包括烟尘、炭黑、飞灰等,废气中主要含 BaP、H_2S、NH_3、SO_x、苯系物、挥发酚、HCN、C_nH_m 等污染物。随水蒸气和荒煤气扬起的细煤粉以及装煤末期平煤时带出的细煤粉中的污染物为重金属(铜、锌、铅、砷、汞、镍、铬、镉)。炭化室炉门打开后散发出的残余煤气及由于空气的进入使部分焦炭和可燃气体燃烧产生的废气中的污染物一般包括 CO、SO_2、H_2S、NO_2 及 C_nH_m 等。因炉顶空气瞬时堵塞而喷出的荒煤气中的污染物为 SO_2、NO_x、CO 等废气和烟尘。

(2)推焦过程燃烧废气排放

包括推焦时导焦槽散发的粉尘和焦炭从导焦槽落到熄焦车中散发的粉尘。经统计,推焦过程产生的烟尘占焦炉排放量的 10%;据测量,推焦时每吨焦炭散发的烟尘有 0.4 kg 之多。若推出的焦炭较生,焦炭中残留大量热解产物,在推焦时和空气接触,燃烧生成细粒分散的炭黑,从而形成大量浓黑的烟尘,产生的烟尘量更大。

(3)出焦过程污染物排放

主要包括炭化室炉门打开后散发出的残余煤气及出焦时焦炭从导焦槽落到熄焦车中产生的大量粉尘。主要大气污染物为 CO、SO_2、H_2S、NO_2 及 C_nH_m 等。另外,还有熄焦车开往熄焦塔途中红焦遇空气燃烧冒烟、筛焦过程中的粉尘排放,其他生产工序操作过程中也伴随大气污染物的无组织逸散。

(4)熄焦过程污染物排放

为防止自燃和便于皮带运输,从炭化室出来的红焦必须经过湿法熄焦或干法熄焦。其中,湿法熄焦产生的大量含有污染物的饱和水蒸气经熄焦塔顶部排出,损失大量显热,主要大气污染物是苯并(a)芘、H_2S、SO_2 和苯系物等,其对环境的污染占整个炼焦环境污染的 1/3;干法熄焦可减少大量熄焦水,消除含有焦粉的水汽和有害气体对附近构筑物和设备的腐蚀。

综上所述,炼焦生产主要是煤热解的过程,此过程中必然伴随煤的颗粒,煤中碳和硫生成的 CO 和 SO_2,煤中挥发性有机物的释放,必然存在大量无组织大气污染物的排放。

2.3.3 化产过程污染物产生环节

化产车间主要是对煤气进行净化，过程大体上可分为以下工序，即冷鼓工序、脱硫工序、硫铵工序以及粗苯工序。

冷鼓工序：包括煤气的冷凝、冷却和加压输送，焦油、氨水、焦油渣的分离、贮存和输送，煤气中焦油雾滴的脱除。从煤焦油脱水罐、轻油罐、煤焦油分馏产生的各种产品中分离出来的废水及各种煤焦油馏分酸洗提纯产生的废水中含有大量的酚、油及酸性物质，由于煤焦油分离废水常常先送入蒸氨系统，经脱酚处理后再由蒸氨系统排出，故大多数焦化厂并不存在单独排入废水处理系统的煤焦油废水。从焦炉送出的荒煤气在集气管和初冷管冷却的条件下，高沸点的有机化合物被冷凝形成煤焦油；与此同时，煤气中夹带的煤粉、半焦、石墨和灰分也混入煤焦油中，形成大小不等的团块，这些物质就是焦油渣，焦油渣中的主要污染物为苯系物、多环芳烃、石油烃。

脱硫工序：脱硫液自塔底流出，经液封槽进入反应槽，由此用循环泵送入加热器预热以后，打到再生塔底部，鼓入压缩空气，使溶液得以再生，再生后的溶液经液位调节器返回脱硫塔顶部进行喷洒，如此循环操作。脱硫过程污染来源于废气沉降和污水池的泄漏及柴油储罐和洗脱萘油的泄漏。污染物包括 H_2S、氰化物、多环芳烃和石油烃。

硫铵工序：从电捕焦油器来的煤气首先进入预热器，再进入饱和器，在饱和器内煤气经过母液层鼓泡而出，其中的氨被硫酸吸收。出饱和器后的煤气进入除酸器，分离出所夹带的酸雾后被送往粗苯工序。硫铵工序的主要污染物来源为：硫铵生产阶段产生的酸焦油含有苯系物、多环芳烃、石油烃；去粗苯过程中产生的多环芳烃。焦化废水的主要来源为焦炉煤气洗涤冷却循环水系统排出的高氨废水、煤气二次冷却产生的冷凝氨水，统称蒸氨废水。此股废水中含有大量的挥发酚、氨和焦油，温度与有机指标一般很高。

粗苯工序：含苯富油在蒸氨塔中蒸馏时要加入直接蒸汽，在后续冷凝及产品分离时产生的废水中含大量的苯、氰化物、氨及挥发酚，温度及有机指标一般较高。煤气进入洗苯塔前，要先用水直接冷却，经过冷水冷却后再循环使用；为保证生产稳定和维护设施安全，需要经常排污和补充新水。粗苯精馏加工时加入的直接蒸汽在后续冷凝及产品分离时产生的废水的水质结构类似粗苯分离废水，但相关组分的浓度及温度与有机指标均较前者低。

酸焦油是煤化工、石油化学制品加工过程中产生的有毒、有害废料，其中焦化酸焦油是一种成分复杂的混合物，包含树脂质的流动性在变化的黏稠固体。焦化酸焦油又分为精苯酸焦油和硫铵酸焦油，轻苯酸洗产生的酸焦油是焦化酸焦油的主要来源，主要含有 15%～30% 的硫酸、磺酸、巯基乙酸等酸类，含 40%～60% 的乙酰甲醛树脂等聚合物，其余为苯、甲苯、二甲苯、萘、蒽、酚、苯乙烯、茚、噻吩等芳烃物质。酸焦油溶于水，含大量亚甲基蓝活性物质，呈黑褐色，温度在 35℃以上时流动性较好，温度低于 25℃时易呈熔融状，相对密度大于油类。

2.3.4　公用辅助设施污染物产生环节

锅炉房、变电所、软水站等都是焦化厂必不可少的公用辅助设施。一般情况下，这些公用辅助设施布置于生产区和生活区的交接处，处于整个焦化厂的负荷中心，机电维修车间靠近人流出口，避免对厂区生产进行干扰。

焦化厂内锅炉房与软水站配合使用，由软水站来的软水进入除氧器进行除氧，除氧后的水通过给水泵先打入省煤器，再进入锅炉（可以不经过省煤器直接进入锅炉）。炉水在锅炉内进行循环流动的同时，吸收燃料放出的热量，逐渐提高温度并汽化，产生饱和蒸汽，经过汽水分离装置后，从主气阀输出到分汽缸，然后再根据用户的需求供出所需的生产蒸汽、生活蒸汽等。送入炉内的燃料燃烧放出大量的热量后，剩余的灰渣经过除渣设备从炉后排出炉外。空气通过空气预热器，由风道进入炉内与燃料混合燃烧，产生高温烟气，冲刷对流管束和尾部受热面，并放出热量，低温烟气通过除尘设备净化后，从烟囱排入大气。因此，锅炉燃煤过程会产生大量的废气和 SO_2、NO_x、TSP 等污染物；大量炉灰渣堆会产生重金属、多环芳烃污染。

原水经加压泵加压到 0.3～0.4 MPa，以保持树脂喷射器正常工作，进而实现流动床的长期连续运行。原水经转子流量计计量后从交换塔底部进入挑管式分水器，穿过塔板上的过水单元，使塔体内的树脂呈悬浮状态。在此过程中，和塔顶逐层下落的树脂进行逆流交换，使原水中的钙离子（Ca^{2+}）和镁离子（Mg^{2+}）与树脂中的钠离子（Na^+）交换，原水即成软水。在反冲洗媒质过程中有部分离子冲洗出来，产生少量的含盐废水。

机修车间负责焦化厂区内设备的日常维护、巡回检查、定期维护等工作。可能产生的废气为加工维修零件产生的焊接烟尘、切割烟尘；废水为机修过程产生的废切削液和废机油；废渣来源于焊接及打磨过程产生的焊渣和废金属泥。污染物种类包括重金属、石油烃。

根据焦化工艺产排污分析结果，污染源及其主要污染物总结见表 2-2。

表2-2　焦化工艺污染源及其主要污染物

	工序	污染源名称	主要污染物
废气	炼焦	备煤废气	颗粒物（含汞、砷、铅等重金属）
		装煤、推焦废气	颗粒物（含汞、砷、铅等重金属），二氧化硫，氟化物，苯、苯可溶物等苯系物，苯并芘、萘等多环芳烃
		焦炉无组织废气	颗粒物（含汞、砷、铅等重金属），氟化物，苯、苯可溶物等苯系物，苯并芘、萘等多环芳烃
		焦炉烟囱废气	颗粒物（含汞、砷、铅等重金属），二氧化硫，氮氧化物，氟化物，苯、苯可溶物等苯系物，苯并芘、萘等多环芳烃
		熄焦废气	颗粒物（含汞、砷、铅等重金属），二氧化硫，氟化物，氰化物，苯、苯可溶物等苯系物，苯并芘、萘等多环芳烃
		筛焦废气	颗粒物（含汞、砷、铅等重金属）
	煤气净化	粗苯管式炉等燃用焦炉煤气的设施废气	颗粒物（含汞、砷、铅等重金属），二氧化硫，氮氧化物，苯并芘、萘等多环芳烃
		冷鼓工序、焦油各类贮槽及装载设施废气	氨，硫化氢，石油烃，氰化氢等氰化物，苯酚、甲酚等酚类，苯、苯可溶物等苯系物，苯并芘、萘等多环芳烃
		脱硫工序再生设施废气	氨，硫化氢
		粗苯工序各贮槽废气	苯、苯可溶物等苯系物，苯并芘、萘等多环芳烃
		硫铵工序干燥设施废气	颗粒物，氨
		油库各贮槽废气	苯、苯可溶物等苯系物，苯并芘、萘等多环芳烃
	公辅	污水处理站废气	氨，硫化氢，甲硫醇，甲硫醚，苯乙烯等非甲烷总烃
	洗煤	煤场、筛分破碎	颗粒物（含汞、砷、铅等重金属）
	发电	锅炉烟囱	颗粒物（含汞、砷、铅等重金属），二氧化硫，氮氧化物
废水	炼焦	熄焦废水	pH，氰化物，酚类，氨氮，石油烃，多环芳烃，氟化物
	煤气净化	剩余氨水	pH，氰化物，酚类，氨氮，石油烃，多环芳烃，苯系物
		煤气冷凝液	pH，氰化物，酚类，氨氮，石油烃，多环芳烃，苯系物
		蒸氨废水	pH，氰化物，酚类，氨氮，石油烃，多环芳烃，苯系物
		粗苯分离水	pH，氰化物，酚类，氨氮，石油烃，多环芳烃，苯系物
		终冷排污水	pH，氰化物，酚类，氨氮，石油烃，多环芳烃，苯系物
	公辅	初期雨水	pH，氰化物，酚类，氨氮，石油烃，多环芳烃，苯系物，氟化物
	洗煤	煤泥水	pH，SS，重金属

续表

	工序	污染源名称	主要污染物
固废	煤气净化	焦油渣	pH，氰化物，酚类，氨氮，石油烃，多环芳烃，苯系物
		脱硫废液	pH，氰化物，酚类，氨氮，重金属（钴、钒）
		蒸氨残渣	pH，氰化物，酚类，氨氮，石油烃，多环芳烃，苯系物
		再生渣	pH，氰化物，酚类，氨氮
		酸焦油	pH，氰化物，酚类，氨氮，石油烃，多环芳烃，苯系物
	公辅	废水处理污泥	pH，氰化物，酚类，氨氮，重金属（钴、钒），石油烃，多环芳烃，苯系物，氟化物

2.4 焦化场地特征污染物

由于焦化场地污染物来源复杂、水土环境敏感，目前焦化场地的特征污染物清单尚不清晰。针对焦化场地开展特征污染物清单构建以及毒性分析具有现实意义和行业引领作用。

2.4.1 焦化场地特征污染物清单

在焦化场地产排污环节分析结果的基础上，结合山西省多个典型焦化场地调查结果，依据山西省焦化企业主要有毒有害物质排放清单，比对出调查过程中高检出率和高浓度污染物，辅以对危害性的进一步分析，最终确定特征污染物清单，见表 2-3、表 2-4。

表 2-3 焦化场地土壤特征污染物

类别	特征污染物
重金属类（8 种）	铜、镍、砷、汞、铬、锌、铅、镉
无机类（2 种）	氰化物、氟化物
苯系物（10 种）	苯、甲苯、乙苯、间 - 二甲苯和对 - 二甲苯、苯乙烯、四氯乙烯、异丙基苯、邻 - 二甲苯、1,3,5- 三甲基苯、1,2,4- 三甲基苯
三卤甲烷（1 种）	氯仿
多环芳烃（17 种）	萘、苊烯、苊、芴、菲、蒽、荧蒽、芘、苯并（a）蒽、䓛、苯并（a）芘、苯并（g,h,i）苝、茚并（$1,2,3-cd$）芘、二苯并（a,h）蒽、2- 甲基萘、苯并（b）荧蒽、苯并（k）荧蒽
苯酚类（4 种）	苯酚、2- 甲基苯酚、3- 甲基苯酚和 4- 甲基苯酚、2,4- 二甲基苯酚
苯胺类和联苯胺类（2 种）	二苯并呋喃、咔唑
石油烃（$C_{10} \sim C_{40}$）	石油烃（$C_{10} \sim C_{40}$）

表 2-4　焦化场地地下水特征污染物

类别	特征污染物
苯系物	苯、甲苯、二甲苯
多环芳烃	萘、菲、茚并（1,2,3-*cd*）芘、蒽、苊烯、苊、芴、蒽、荧蒽、芘
石油烃（$C_{10} \sim C_{40}$）	石油烃（$C_{10} \sim C_{40}$）
苯胺类和联苯胺类	二苯并呋喃、咔唑
酚类物质	苯酚
重金属类	砷、铅、汞
无机类	氟化物、氰化物、氨氮

2.4.2　焦化场地特征污染物毒性分析

在包气带和地下水中的污染物经过多种暴露途径，最终会对人体产生影响，因此对焦化场地特征污染物进行毒性分析有一定的必要性。

重金属不能被生物降解，相反却能在食物链的生物放大作用下，成千百倍地富集，最后进入人体。重金属在人体内能和蛋白质发生强烈的相互作用，使它们失去活性，也可能在人体的某些器官中累积，造成慢性中毒[18]。

氰化物是含有氰基 CN⁻ 的化合物，为剧毒物质，主要通过直接摄入、皮肤接触、吸入挥发性氰化物、接触含氰地下水等途径进入生物体，对人类及其他生物体和环境都存在严重威胁[19]。

氟化物指含负价氟的有机化合物和无机化合物。按照世界卫生组织国际癌症研究机构公布的致癌物清单，氟化物为 3 类致癌物[20]。

苯系物大都为无色、有芳香气味的易燃液体，易挥发，不溶于水，性质稳定。苯系物侵入人体的途径包括吸入、食入、经皮吸收。除苯外，一般都属于低毒和微毒类[21]。

多环芳烃是指两个以上苯环以稠环形式相连的化合物，是焦化场地中普遍存在的污染物。此类化合物对人类的毒害主要是参与机体的代谢作用，具有致癌、致畸、致突变和生物难降解的特性[22]。

苯酚类在焦化场地中以苯酚、甲酚和二甲酚为主，易挥发，毒性较大，侵入人体的途径包括吸入、食入、经皮吸收[23]。

石油烃（$C_{10} \sim C_{40}$）会对周边的土壤、河流甚至地下水造成污染和破坏。这种污染与破坏又会通过其他途径转移到人体上，进而危害其健康乃至生命。具体表现就是会对人体产生致癌、致畸、致突变的不良影响[24]。

苯胺类和联苯胺类在焦化场地以二苯并呋喃、咔唑为主，有致癌性，靶器官为膀胱。对皮肤可引起接触性皮炎，对黏膜有刺激作用。并且咔唑可引起眼睛、皮肤的刺激症状。侵入人体的途径包括吸入、摄入或经皮肤吸收，可致死[25]。

氨氮在硝化作用下生成硝酸盐和亚硝酸盐，硝酸盐和亚硝酸盐浓度高的饮用水可能对人体造成两种健康危害，即诱发高铁血红蛋白症和产生致癌的亚硝胺，长期饮用对身体极为不利。硝酸盐在胃肠道细菌作用下，可还原成亚硝酸盐；亚硝酸盐可与血红蛋白结合形成高铁血红蛋白，造成缺氧[26]。

2.5 焦化场地特征污染物分布规律

系统地研究焦化场地特征污染物在土壤中的分布，对场地调查过程中采样点的布设、采样深度的确定、样品的送检具有指导意义，从而对污染物的空间分布具有更精确和宏观的认识，有助于后期的场地风险评估和修复[27]。

20世纪80年代以来，研究人员陆续加强对焦化场地土壤污染物水平分布和垂直分布的研究。冯嫣等以北京市某一废弃的焦化厂为例，在该厂的6个车间分别采集了0～4 m深的26个土壤样本，分析了土壤中污染物的残留量；从土壤污染程度来看，残留量为制气车间＜水处理车间＜炼焦车间＜焦油车间＜粗苯车间＜回收车间[28]。王培俊等以西南某一焦化场地为例，定量分析了土壤中的污染物含量及分布特征；研究表明，焦化厂的推焦线路、沥青传送带、焦油回收点以及固废室外堆场附近的土壤表层污染较为严重，总氰化物、汞、苯、咔唑、石油烃等的超标点较多[29]。尹勇等以苏南某焦化厂场地土壤监测为例，采集了0～4.5 m深的22个土壤样品并进行分析；结果表明，该焦化厂土壤不同程度地受到多环芳烃类、总石油烃、氰化物、挥发酚等的污染，污染最为严重的区域主要位于焦油加工车间、洗油储罐区、炼焦炉周边以及粗苯加工车间等[30]。

由前人的研究可知，污染分布与生产工艺以及场地水文地质情况密切相关[31]。为进一步厘清焦化场地特征污染物分布规律及其迁移规律，本研究选择具有多年焦化历史的山西某关闭焦化场地作为研究区域。选择该场地超标浓度最高且分布最广的萘和苯作为目标污染物，分析污染物分布特征。

2.5.1 研究区域

按照《厂区项目改造场地环境调查水文地质勘探报告》所揭露的地层情况，各岩土层的分布由新至老、从上而下依次为：①层人工填土，物质组成以粉土为主，该层在场区普遍分布，平均厚度为 3.07 m；②层中粗砂，平均厚度为 2.90 m；③层粉土，平均厚度为 5.51 m；单元层④主要由中粗砂及粉土组成，呈互层分布，平均揭露厚度为 6.28 m；⑤层粉质黏土，厚度为 13.30 m；⑥层卵石，物质组成以卵石为主，揭露厚度为 5.50 m；⑦层粉质黏土，该层在调查区域内仅个别孔揭露，部分点位揭露厚度为 3.10 m。区域地层图见图 2-18。

地层编号	分层厚度/m	柱状图	地层特征
①	3.07		人工填土：物质组成以粉土为主，该层在场区普遍分布
②	2.90		物质组成以中粗砂为主
③	5.51		物质组成以粉土为主
④	6.28		主要由中粗砂及粉土组成，呈互层分布
⑤	13.30		物质组成以粉质黏土为主
⑥	5.50		物质组成以卵石为主
⑦	3.10		粉质黏土，该层在调查区域内仅个别孔揭露

图 2-18　区域地层图

2.5.2　土壤样品采样与分析

2.5.2.1　样品采集

根据《场地环境调查技术导则》（HJ 25.1—2019）关于采样工作方案的有关要求，针对场地整体污染分布不均匀，同时各个分区潜在污染较为明确的特征，本研究采用分区布点加专业判断布点的原则进行布点，采样布点见图 2-19，共布设 141 个点位。根据污染识别结果和污染途径，分区设定采样深度，在潜在重污染区域以深孔（≥15 m，大部分达到潜水层）为主，在潜在轻污染区域以浅孔（<6 m）为主，布置少量深孔。共采集 701 个样品，样品的收集与保存按照《场地环境评价导则》（DB11/T 656—2009）的要求，采集土壤 VOCs 样品时，选择 40 mL 棕色玻璃瓶采样，瓶内装有约 10 mL 甲醇作为保护剂。用非扰动采样器采取 5 g 左右的土壤装入瓶中，旋紧。检测土壤其他污染物时，选择白色玻

扫码查看
本章彩图

璃瓶采样，采满压实；或选择无菌自封袋采样，采样后排除袋内空气并封袋。保存温度在4℃以下，并利用装有干冰的保温箱送至具有计量认证（CMA）资质的专业实验室进行检测分析。

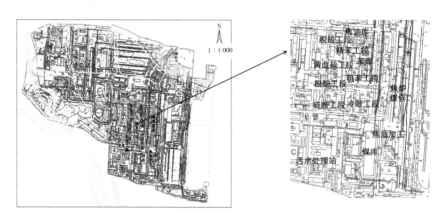

图2-19 焦化厂采样布点

2.5.2.2 样品分析

所有样品的污染物指标测试由通过 CMA 认证的 SGS 通标标准技术服务（上海）有限公司按照我国与美国国家环境保护局（USEPA）规定的检测方法进行检测。要求实验室除了按照规定定期进行仪器校正外，在进行样品分析时应对各环节进行质量控制，随时检查和发现分析测试数据是否受控，在项目测定过程中计算加标回收率，每个测定项目计算结果均需进行复核，确保分析数据的可靠性和准确性。每20个样品设置1个质量保护样，同时设置实验室间质量保证样、空白样、平行样。

2.5.2.3 结果

（1）描述性统计特征

本次调查共布设土壤采样点位 141 个，采集土壤样品 454 个，其中 71 个采样点位检测到苯或萘，检测出含有苯或萘的土壤样品数为 289 个，土壤样品苯或萘检出率为 63.66%。32 个采样点位苯或萘含量高于《土壤环境质量　建设用地土壤污染风险管控标准（试行）》（GB 36600—2018）第一类用地筛选值，点位超标率为 22.70%。对不同深度土壤中苯和萘含量进行统计分析，结果见表 2-5。结果显示，从污染含量范围来看，萘最低含量未检出，最高含量高达 15 800 mg/kg，超《土壤环境质量　建设用地土壤污染风险管控标准（试行）》（GB 36600—2018）第一类用地筛选值 631 倍。不同深度土壤中萘含量中位数为 0～5.4 mg/kg，均低于第一类用地筛选值。苯最低含量未检出，最高含量高达 1 110 mg/kg，超《土壤环境质

量　建设用地土壤污染风险管控标准（试行）》（GB 36600—2018）第一类用地筛选值 1 109 倍。不同深度土壤中苯含量中位数为 0～0.18 mg/kg，均低于第一类用地筛选值。从污染深度来看，3 m、6 m、10 m、15 m 深的土壤中萘污染严重，萘污染含量最大值分别为 15 800 mg/kg、8 110 mg/kg、4 950 mg/kg、3 230 mg/kg。其中 3 m 处萘污染最严重，结合地层分布可知 3 m 处为人工填土层，粉土较多，对萘的截留能力强。8 m、15 m 深的土壤中苯污染严重，污染含量最大值分别为 1 110 mg/kg、565 mg/kg。其中 8 m 处苯污染最严重，地层为粉土层。

表 2-5　不同深度土壤苯和萘污染数据描述性统计特征

深度 /m	样品数 /个	平均值 / (mg/kg)		最小值 / (mg/kg)		中位数 / (mg/kg)		最大值 / (mg/kg)	
		苯	萘	苯	萘	苯	萘	苯	萘
0	141	0.39	35.73	0.00	0.00	0.00	0.00	12.2	1 800
1.5	49	0.99	75.29	0.00	0.00	0.00	0.00	23.7	2 270
2	22	0.48	24.35	0.00	0.00	0.00	0.00	4.34	254
3	38	2.43	506.87	0.00	0.00	0.00	0.00	61	15 800
4	12	0.42	137.45	0.00	0.00	0.15	0.00	4	1 600
5	19	6.72	109.36	0.00	0.00	0.00	0.00	126	1 570
6	24	3.30	705.62	0.00	0.00	0.00	0.3	42.4	8 110
8	18	61.70	39.46	0.00	0.00	0.00	0.36	1 110	691
10	29	4.37	489.05	0.00	0.00	0.00	0.4	71	4 950
15	30	22.4	300.07	0.00	0.00	0.00	0.57	565	3 230
18	9	6.52	26.14	0.00	0.00	5.4	0.00	54	151
20	25	2.54	26.48	0.00	0.00	0.00	0.40	50	504
24	7	7.60	0.06	0.00	0.00	0.00	0.00	53	0.3
25	16	1.93	5.08	0.00	0.00	0.00	0.20	25	57
26	3	0.71	2.30	0.00	0.00	0.18	0.00	26	6.9
28	9	2.07	17.04	0.00	0.00	0.07	0.22	28	146
32	3	0.00	0.41	0.00	0.00	0.00	0.60	32	0.64

32 个超标点位详细信息见表 2-6，其中苯超标点位 24 个，萘超标点位 24 个。结合采样点位分布图可以看出，苯含量高值点主要分布在焦油加工车间附近，萘含量高值点分布在焦油加工车间、焦化产区，疑似原因为生产装置、焦油及沥青等各类储罐、地下池体、管线泄漏污染。

表 2-6　不同采样点位土壤苯和萘污染数据描述性统计特征

采样点位	样品数/个	平均值/（mg/kg）		最小值/（mg/kg）		中位数/（mg/kg）		最大值/（mg/kg）	
		苯	萘	苯	萘	苯	萘	苯	萘
II1ES5	11	0.00	4.84	0.00	0.00	0.00	0.12	0.00	51.60
II1ES6	3	0.51	40.04	0.00	0.00	0.27	4.12	1.14	116.00
II1ES14	4	0.59	1.37	0.00	0.00	0.08	0.95	2.20	3.58
II1ES15	11	7.26	1 157.97	0.00	0.00	0.09	24.60	42.40	8 110.00
II1ES16	10	3.91	384.47	0.00	0.00	0.34	18.20	19.70	3 200.00
II1ES17	9	19.67	3 099.06	0.00	0.00	3.77	37.90	71.00	15 800.00
II1ES19	3	4.02	1 890.00	0.00	0.00	3.00	1 800.00	7.05	2 270.00
II1ES21	11	1.30	2.88	0.00	0.00	0.07	0.10	10.00	20.00
II1GS1	8	5.39	453.72	0.00	0.00	2.20	7.10	24.00	3 230.00
II1GS2	10	0.17	503.10	0.00	0.00	0.08	37.00	0.80	2 380.00
II1GS4	11	0.12	5.23	0.00	0.00	0.00	1.40	0.88	25.00
II1GS5	5	0.62	0.03	0.00	0.00	0.38	0.00	2.10	0.08
II1GS6	7	0.00	48.25	0.00	0.00	0.00	0.40	0.00	259.00
II1GS9	9	1.00	714.87	0.00	0.00	0.10	146.00	4.00	3 210.00
II1GS10	10	0.19	172.59	0.00	0.00	0.00	4.30	1.11	1 450.00
II2ES9	7	0.80	0.07	0.00	0.00	0.00	0.00	3.24	0.40
II2FS1	7	0.00	47.06	0.00	0.00	0.00	0.00	0.00	254.00
II2GS1	11	115.04	285.97	0.00	0.00	2.00	16.00	1 110.00	1 570.00
II2GS2	5	2.80	3.93	0.00	0.00	0.00	1.20	14.00	9.24
II3ES3	11	1.79	0.25	0.00	0.00	0.00	0.00	11.20	2.40
II3ES6	5	3.30	0.00	0.00	0.00	0.50	0.00	15.00	0.00
II3GS1	5	136.76	94.86	0.00	0.00	50.00	0.40	565.00	469.00
II3GS2	8	10.64	18.91	0.00	0.00	2.72	0.00	54.00	151.00
II4ES9	9	1.08	103.11	0.00	0.00	0.21	0.90	5.54	504.00
II4ES11	9	0.98	112.33	0.00	0.00	0.00	12.00	4.34	350.00
II4ES16	4	0.45	2.23	0.00	0.00	0.10	0.30	1.58	8.30
II4ES23	4	2.12	325.38	0.00	0.00	0.36	105.75	7.76	1 090.00
II4FS3	6	11.98	94.27	0.00	0.00	0.09	5.45	71.40	546.00
II4GS1	3	0.46	15.43	0.00	0.00	0.46	1.00	0.92	45.10

续表

采样点位	样品数 / 个	平均值 / (mg/kg)		最小值 / (mg/kg)		中位数 / (mg/kg)		最大值 / (mg/kg)	
		苯	萘	苯	萘	苯	萘	苯	萘
II4GS2	2	0.00	24.50	0.00	0.00	0.00	24.50	0.00	48.80
II4GS3	6	0.03	15.40	0.00	0.00	0.00	0.60	0.20	90.00
II4GS4	7	0.93	11.93	0.00	0.00	0.26	10.00	4.40	33.00

通过以上分析可知，不同点位和不同深度土壤中苯、萘含量最大值和最小值差异较大，污染物空间分布不均匀，苯严重污染存在于较深的土层中，而萘严重污染主要在人工填土层。

（2）垂直分布特征

不同采样点位苯和萘在土壤中的垂直分布见图 2-20。可以看出，苯和萘在土壤中的垂直分布呈现一定的富集规律，虽然不同点位污染程度不同，但在土壤中苯含量高于 100 mg/kg 点或萘含量高于 1 000 mg/kg 点多出现于 0～3 m、6～10 m 深的土壤中。根据现场采样记录可知，0～3 m、6～10 m 土层主要成分为粉土，苯和萘主要富集于这两层中。苯超标污染最深可达 32 m 左右，萘超标污染最深达 28 m。并且总体来看，萘在土壤中的含量要远高于苯的含量。

（3）水平分布特征

通过以上分析可知，污染物含量高值点多集中于地下 10 m 土层中，因此本小节重点分析苯和萘在人工填土层、中粗砂层、粉土层土壤层中的水平分布特征。对场地污染分析监测结果进行 GIS 空间分析，通过反距离空间插值了解各种污染物在场地上的分布，以第一类用地筛选值为分界线，未超标为蓝色，超标为红色。

人工填土层中萘主要集中于焦油库、苯库、粗苯工序炼焦熄焦区域、冷鼓工序、焦油加工区以及焦仓等地。苯污染主要分布在粗苯工序、苯库、焦油加工区以及焦仓附近，并且萘污染范围远大于苯污染范围，见图 2-21。

中粗砂层中苯集中于焦油加工区和炼焦熄焦区域，萘分布于粗苯工序、焦油加工区以及炼焦熄焦区域。值得注意的是，人工填土层中炼焦熄焦区域苯含量较低，而中粗砂层苯含量升高说明炼焦熄焦区域排放的苯一部分挥发，另一部分迁移进入下一层，致使人工填土层剩余含量较低。萘在中粗砂层的污染范围要远小于人工填土层，这可能与不同土层理化性质有关，见图 2-22。

相较于中粗砂层，粉土层中萘污染范围有明显的扩大，但仍小于人工填土层。苯污染范围从上往下基本呈现扩大趋势，见图 2-23。

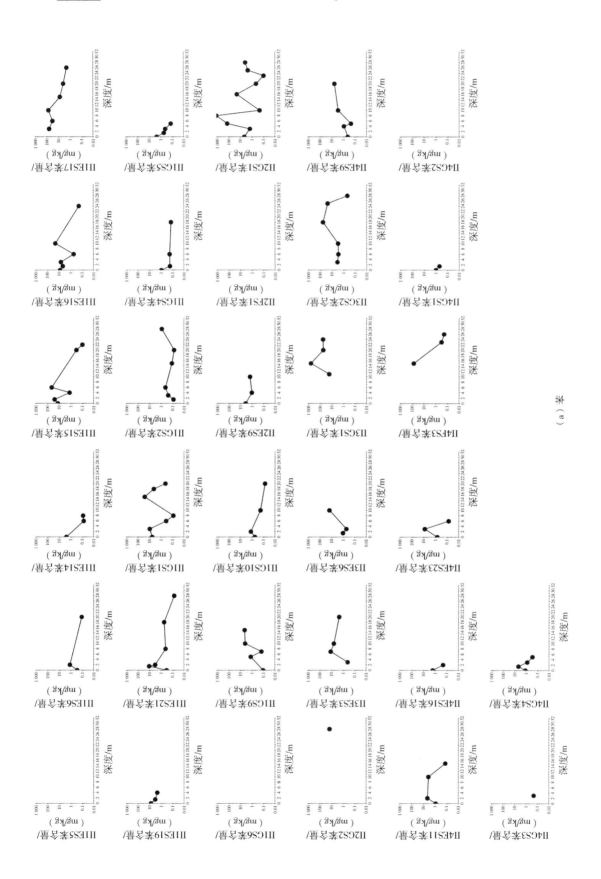

（a）苯

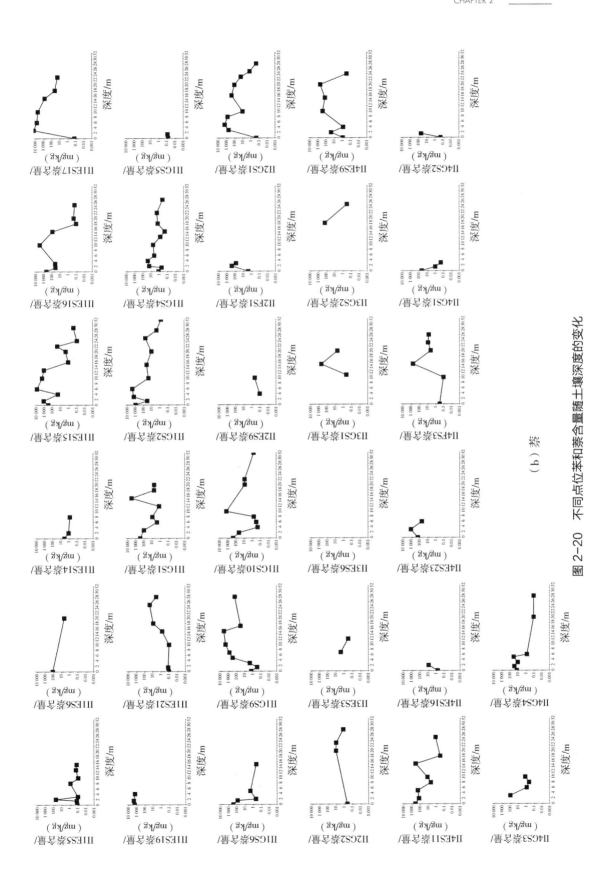

图 2-20　不同点位和萘含量随土壤深度的变化
（b）萘

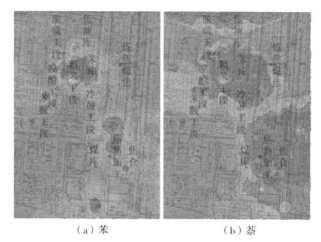

（a）苯　　　　　　　　　　（b）萘

图 2-21　人工填土层中苯和萘分布特征

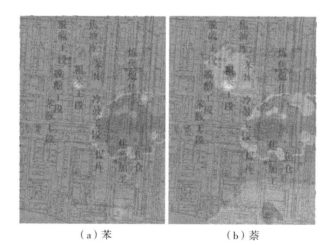

（a）苯　　　　　　　　　　（b）萘

图 2-22　中粗砂层中苯和萘分布特征

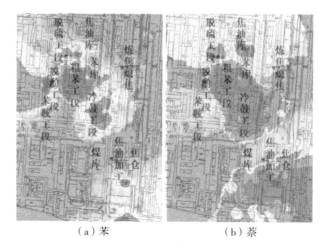

（a）苯　　　　　　　　　　（b）萘

图 2-23　粉土层中苯和萘分布特征

2.6　焦化场地特征污染物迁移规律

污染物泄漏对包气带和地下水造成严重污染。为有效治理污染，必须弄清污染物在包气带中的迁移规律。这在地下水污染风险评估中是必要的，同时揭示焦化场地包气带污染物的迁移规律有助于发展焦化场地修复技术。因此，研究焦化场地污染物在非饱和带中的迁移规律至关重要。

2.6.1　试验设计

为揭示本场地包气带土壤中特征污染物在垂直方向和水土介质中的迁移规律，本研究分别以年降雨量、淋滤液 pH、土壤初始含水率为试验变量，设计 3 组土柱淋滤模拟试验，见表 2-7。土柱淋滤水皆为超纯水。研究模拟的不同淋滤水量依据地区 2000—2020 年降雨量最大值、平均值以及最小值计算得到，淋滤水量具体的换算公式为：淋滤水量 = 地区年降雨量 × 柱横截面积。由本场地调查报告可知，场地存在碱性废水和酸性废液的无意倾倒和管道泄漏等情况，如脱酚工序、冷鼓工序、黄血盐工序、脱硫工序等的碱液以及硫铵工序、生化废水处理站等的酸性废水。废水的泄漏一方面会直接作用于包气带中特征污染物的迁移过程，另一方面会通过影响降雨渗透水的 pH，间接影响包气带中有机污染物的迁移。加入无水氢氧化钠或分析纯盐酸调节淋滤液 pH，使柱 B2 和柱 B3 淋滤液 pH 分别为 3.8 和 10.8，其余土柱淋滤液 pH 约为 7.8。

表 2-7　土柱淋滤模拟试验设计

试验变量	编号	淋滤水量 /mL	淋滤液 pH	土壤初始含水率
年降雨量	A1	1 380	7.8	9.8%～14.5%
	A2	2 198	7.8	9.8%～14.5%
	A3	3 140	7.8	9.8%～14.5%
淋滤液 pH	B1	2 198	3.8	9.8%～14.5%
	B2	2 198	7.8	9.8%～14.5%
	B3	2 198	10.8	9.8%～14.5%
土壤初始含水率	C1	2 198	7.8	9.8%～14.5%
	C2	2 198	7.8	0.94%～1.45%

2.6.1.1 污染土壤的制备

为了尽可能真实模拟焦化场地特征污染物在土壤包气带中的垂向迁移特征，选取本场地超标倍数最高的苯和萘作为目标污染物。参照本场地表层土壤目标污染物含量，将土柱苯和萘含量分别设定为 625 mg/kg 和 250 mg/kg。称取 300 g 土壤 8 份，分别置于烧杯中，加入模拟污染物，使土壤中苯和萘的含量达到设定含量。

2.6.1.2 土柱填充

借助固定架将玻璃珠竖直放置，用甲醇从上而下均匀润洗表面。在土柱底部均匀铺设一层直径为 5～6 mm 的玻璃珠，以防止土柱中土壤颗粒的下漏，并防止淋滤液的阻滞。参照焦化场地水文地质条件，从深层至浅层进行土柱的原位填充。以 5 cm 深度为一个单元，并借助长颈漏斗填充，且不断轻轻敲击土柱外侧，以使整个土柱中的土壤尽量保持自然紧实状态和一致的容重，以防止土壤的非均质性影响整个土柱的溶质运移过程。整个土柱只有表层 5 cm 填充配置好的污染土壤。

下层土层分布共 4 层，总长约 120 cm。参照焦化场地，各土层厚度比例约为 1：1：2：2，因此模拟实验中各土层长度设置为①层 20 cm、②层 20 cm、③层 40 cm、④层 40 cm。土柱填充参数见表 2-8。

表 2-8　土柱填充参数

土层	介质	粒径 / mm	填充密度 / (g/cm³)	有机质含量	柱 C2 含水率	其余土柱 含水率
表层	本场地表层土	<1	1.39	—	—	—
①	粉土	0.002～0.05	1.39	3.28%	1.45%	14.5%
②	中粗砂	0.25～1	1.49	4.87%	0.94%	9.8%
③	粉土	0.002～0.05	1.49	3.28%	1.45%	14.5%
④	粉土＋中粗砂	0.002～1	1.44	4.08%	1.2%	13%

2.6.1.3 淋滤模拟过程

为使装填的土柱更加接近自然土壤的孔隙结构和地下湿度，在加入人工模拟污染物前，需先用超纯水慢速淋滤填好的模拟土柱，淋滤一定体积后静置 3 天，使其各层含水率在 9.8%～14.5%（除柱 C2 外），保证开展淋滤模拟实验的条件更贴近于真实状况。填充好土柱且设定好不同因素后，土柱表面用黑色宽胶带缠绕覆盖，模拟避光环境，避免出现挥发、光解等干扰因素。然后以 0.1 mL/min 的速率淋滤，以出现淋出液为起始时间，每天收集一次淋出液，测定其中污染物浓度。当达到拟定的淋滤量后，停止淋滤。柱 A1 淋滤 11 天，柱 A2 淋滤 21 天，其余土柱皆淋滤

15 天，这由模拟降雨量和淋滤速率决定。

2.6.1.4　取样设置

垂向取样口设计见表 2-9，淋滤完成后在不同土层变层前和变层后进行取样，探究同一变量下特征污染物在包气带不同土层的迁移特征以及不同变量下特征污染物的垂向迁移规律。取样时用一次性塑料注射器将用于检测污染物的土样置于存有 10 mL 甲醇的 50 mL 棕色玻璃瓶中。共取样 104 个，每个样品 3 个平行，送实验室检测；将用于检测理化性质的土样密封于自封袋，冷藏保存。

表 2-9　污染物垂向迁移规律表征的取样位置

土层	取样层位	取样口距离顶端位置 /cm
表层	0	2.5
①	1-1	7.5
	1-2	22.5
②	2-1	27.5
	2-2	42.5
③	3-1	47.5
	3-2	62.5
	3-3	67.5
	3-4	82.5
④	4-1	87.5
	4-2	102.5
	4-3	107.5
	4-4	122.5

水土介质迁移规律研究取样口设计见表 2-10。在垂向迁移规律研究的实验基础上，淋滤完成后在不同土层进行取样并离心，分析不同变量下特征污染物在包气带土水介质中的迁移规律。取样时用一次性塑料注射器将用于检测污染物的土样置于聚丙烯离心管中装满填实。共取 32 个样品，每个样品 3 个平行。将聚丙烯离心管中土样用高速冷冻离心机在 4℃ 的环境下以 10 000 r/min 的转速离心 30 min，取上清液，经 0.45 μm 滤膜过滤制得孔隙水；离心后的土样取一部分置于甲醇瓶中待测。将用于检测理化性质的土样密封于自封袋，冷藏保存。

表 2-10 土水介质迁移规律研究取样位置

土层	取样口距离顶端位置 /cm
①	15
②	35
③	65
④	105

2.6.2 样品分析测定及数据处理

本研究采用吹扫捕集 / 气相色谱－质谱法测定土壤中苯和萘含量及土壤水中苯和萘浓度。所采用方法是《土壤和沉积物 挥发性有机物的测定 吹扫捕集 / 气相色谱－质谱法》（HJ 605—2011）以及《水质 挥发性有机物的测定 吹扫捕集 / 气相色谱－质谱法》（HJ 639—2012）推荐方法，具有前处理较少、萃取效率高、检出限低等优点。利用吹扫捕集 / 气相色谱－质谱仪进行检测，仪器运行条件按照 HJ 605—2011 以及 HJ 639—2012 标准进行设定。苯和萘标液购于 BePure 公司，编号分别为 BePure-20577YM、BePure-26989YM。将存放待测样品的甲醇瓶盖好瓶盖并震荡 2 min。静置沉降后，用一次性注射器移取 1 mL 提取液，经 0.45 μm 滤膜过滤至 50 mL 棕色玻璃瓶后，加入 49 mL 超纯水，摇匀后将稀释后的部分提取液倒入 40 mL 进样瓶中（不留顶空），利用外标法进行测定。用一次性注射器移取待测 1 mL 土壤水至 50 mL 棕色玻璃瓶后，加入 49 mL 超纯水，摇匀后将稀释后的部分土壤水倒入 40 mL 进样瓶中（不留顶空），利用外标法进行测定。利用 Origin 2022 软件对数据进行统计分析。

2.6.3 结果与分析

2.6.3.1 垂向迁移规律研究结果

（1）模拟土柱淋出液

模拟土柱淋出液中苯和萘浓度的变化情况见图 2-24。柱 C2 直至淋滤结束并无淋出液出现，表明降低土壤初始含水率可以提升包气带对污染物的截留能力。随着模拟年降雨量的提升，淋出液中苯和萘浓度基本呈现先下降、后波动上升的趋势，继续淋滤则会再出现下降趋势。如图 2-24 所示，柱 B3 淋出液中苯和萘浓度显著高于柱 B1 和柱 B2 淋出液中苯和萘浓度，说明碱性淋滤液能有效提升有机污染物的迁移能力。

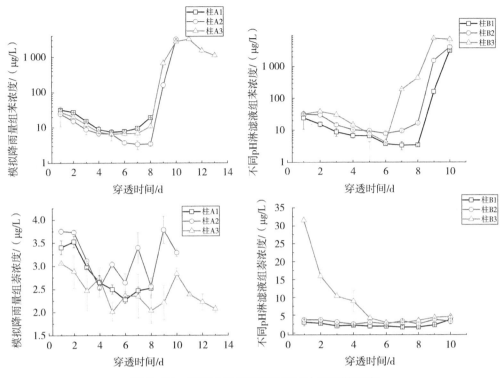

图2-24 不同土柱各时段淋出液中苯和萘浓度

不同土柱淋出液污染物总值计算结果见表2-11。柱 A1、柱 A2 和柱 A3 的结果表明随着年降雨量增大，苯浓度发生显著升高，而萘浓度升高趋势较缓；相较于柱 B2，淋出液中污染物浓度随淋滤液 pH 的升高和降低都有所增加；柱 C1 和柱 C2 的结果进一步证明降低土壤初始含水率会有效提高包气带对污染物的截留能力。

表2-11 不同土柱淋出液污染物总值 单位：μg

污染物	柱 A1 平均	柱 A2 平均	柱 A3 平均	柱 B1 平均	柱 B2 平均	柱 B3 平均	柱 C1 平均	柱 C2 平均
苯	18.37	509.48	3 719.40	874.5	509.48	2 916.02	509.48	0
萘	3.46	4.52	6.38	6.18	4.52	15.42	4.52	0

（2）垂向迁移规律

①土柱理化性质变化规律。

作为环境中的天然配位体，有机质活动与土壤中有机污染物的迁移活性密切相关[32]。有机质包含固体有机质以及溶解性有机质；据研究报道，在天然有机质中，溶解性有机质可以占到 97.1%[33]。有机污染物在土壤中一方面可直接吸附于固体有机质表面，降低有机污染物的移动；另一方面，有机污染物与溶解性有机质发生竞争吸附作用，从而促进有机污染物的迁移。土壤含水率控制着包气带有效孔隙率，在污染强度一定的情况下，土壤孔隙水流速变化，从而导致有机污染物残留量分布出现差异。为了探明以上因素对污染物残留量的影响，本研究对淋滤后不同土柱土壤有机质和含水率分布作了深入研究。

　　见图 2-25，随着模拟年降雨量增加，土壤有机质含量降低，可能是由于模拟年降雨量增加会促进溶解性有机质的迁移；柱 B1、柱 B2 和柱 B3 的结果表明酸性淋滤液和碱性淋滤液都会促进溶解性有机质迁移，这是因为 pH 降低一方面导致带负电的酸根离子与有机质竞争土壤吸附位点，进而降低有机质吸附作用，另一方面导致溶解性有机质自身负电荷减少，使土壤吸附能力下降。同时，pH 升高时，溶解性有机质吸附机制会由以配体交换为主导、多种吸附模式并存的强吸附作用变为范德华力和疏水作用为主的弱吸附作用[34, 35]。柱 C1 和柱 C2 的结果显示，土壤初始含水率降低会增强土壤有机质迁移能力，原因在于含水率降低会为淋滤液与有机质提供更多接触面积，使溶解性有机质迁移能力增强。除柱 C1 和柱 C2 含水率差异较大外，其余土柱淋滤后含水率没有明显差异，可能原因在于柱 C2 淋滤后没有达到土壤的饱和吸附状态，而其余土柱已经达到，这也是柱 C2 污染物没有穿透土柱的原因。

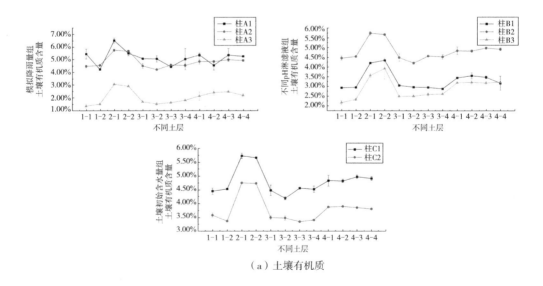

（a）土壤有机质

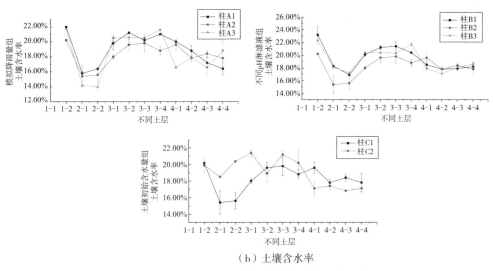

（b）土壤含水率

图 2-25　淋滤后土壤有机质和土壤含水率分布

②污染物残留量分布。

不同土层污染物残留量见图 2-26～图 2-28。从表层土壤污染物残留量结果来看，提升模拟年降雨量能升高污染物的解吸量；碱性淋滤液能升高污染物解吸量；其余变量对污染物解吸没有显著影响。

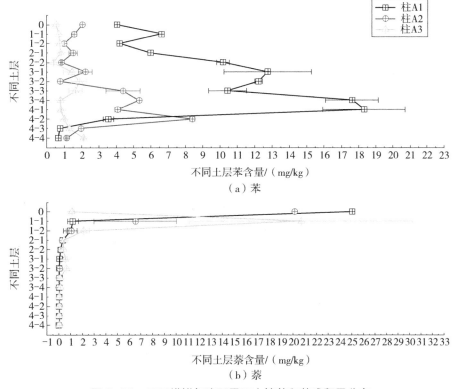

图 2-26　不同模拟年降雨量下土柱苯和萘残留量分布

　　总体来看，苯残留量主要集中于③层以及④层表层，萘残留量主要集中于表层（配置的污染土壤层）和①层。柱A2和柱A3中，苯残留量远低于柱A1，可知提升模拟年降雨量会显著提升苯在包气带的迁移能力；柱A2和柱A3中萘残留量也基本分布在表层和①层，但在柱A3中污染物残留量要略高于柱A1和柱A2，由此可知萘的迁移能力也会随着模拟年降雨量的提升而增大。一方面是由于模拟年降雨量增大后，会从表层土壤解吸更多污染物进入迁移体系中；另一方面，随着模拟年降雨量提升，溶解性有机质也会进一步迁移，从而促进有机污染物的迁移。

　　见图2-27，柱B1、柱B2以及柱B3中苯残留量主要分布于③层以及④层，柱B1苯残留量相较于柱B2而言更集中于④层，而且柱B3苯残留量远低于柱B1和柱B2，这说明淋滤液pH升高和降低都会增强苯从表层向下层的迁移能力，其中淋滤液pH升高作用更大；萘残留量以表层和①层为主，下层土壤中柱B1和柱B3萘残留量都要高于柱B2，这更加证明淋滤液pH升高和降低对有机污染物迁移能力的影响。部分学者认为酸性条件下土壤会增强对有机污染物的吸附能力，而本研究结论与此有一定差异，原因可能为酸性条件下促进溶解性有机质的迁移，从而促进有机污染物的迁移。

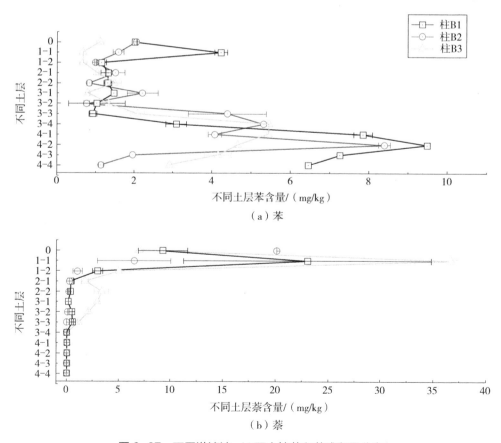

图 2-27　不同淋滤液 pH 下土柱苯和萘残留量分布

见图 2-28，柱 C1 和柱 C2 中，苯残留量主要分布于④层，而萘残留量主要分布于表层和①层；柱 C2 在无淋出液基础上的苯残留量明显低于柱 C1，原因可能为降低土壤初始含水率会增加土壤孔隙空气体积比，进而易于苯的挥发。

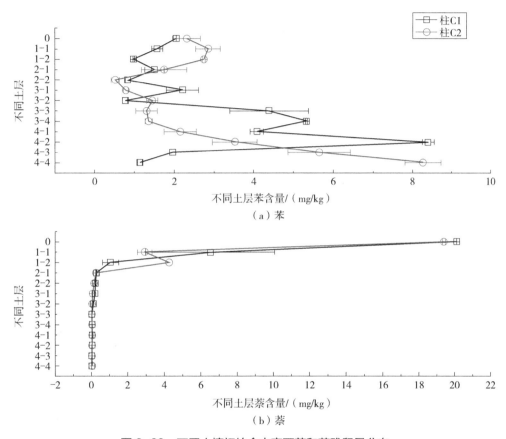

图 2-28　不同土壤初始含水率下苯和萘残留量分布

③残留量分布影响因素分析。

包气带深度、土壤含水率、土壤机械组成以及有机质含量等因素对土壤中有机污染物的残留分布有很大影响。将不同土层污染物残留量与土柱初始含水率分布、淋滤后土柱含水率分布、土柱初始有机质含量分布、淋滤后土柱有机质含量分布、土壤粒径、填充密度以及采样深度 7 个变量进行相关性分析。

分析结果见表 2-12。柱 A1、柱 A2 和柱 A3 中，苯残留量分布与采样深度相关系数平均绝对值最大且在年降雨量增大的条件下二者由负相关逐步变为正相关；同时，萘残留量分布也与采样深度相关性最强，但呈负相关，这主要取决于萘的难迁移性。由变异系数（SV）可知，不同年降雨量对土壤粒径与苯残留量分布的相关性影响最大，而且随着年降雨量增大，土壤粒径对苯残留量分布的影响逐步减弱；

表2-12　污染物残留量相关性分析

相关系数（r）

变量	年降雨量组										淋滤液 pH 组									
	柱 A1		柱 A2		柱 A3		平均		SV		柱 B1		柱 B2		柱 B3		平均		SV	
	苯	萘	苯	萘	苯	萘	苯	萘	苯	萘	苯	萘	苯	萘	苯	萘	苯	萘	苯	萘
土壤初始含水量	0.26	0.27	0.1	0.28	0.32	0.3	0.23	0.28	40.97%	4.40%	-0.21	0.3	0.1	0.28	-0.1	0.29	0.14	0.29	-183.32%	32%
淋滤后土壤含水量	0.47	0.23	0.11	0.31	0.32	0.31	0.30	0.28	49.22%	13.31%	-0.54	0.2	0.11	0.31	-0.34	0.42	0.33	0.31	-105.91%	28.97%
土壤初始有机质含量	-0.26	-0.28	-0.09	-0.29	-0.32	-0.3	0.22	0.29	-43.62%	-32%	0.22	-0.3	-0.09	-0.29	0.11	-0.29	0.14	0.29	160.40%	-1.61%
淋滤后土壤有机质含量	0.06	0.04	-0.15	-0.18	-0.38	-0.45	0.20	0.22	-114.70%	-101.89%	0.06	-0.27	-0.15	-0.18	0.26	-0.48	0.16	0.31	295.41%	-40.55%
土壤粒径	-0.36	-0.33	0.1	-0.41	-0.12	-0.34	0.19	0.36	-148.31%	-9.89%	0.6	-0.35	0.1	-0.41	0.4	-0.41	0.36	0.39	25.63%	-7.25%
填充密度	-0.26	-0.28	-0.09	-0.28	-0.32	-0.3	0.22	0.29	-43.62%	-3.29%	0.22	-0.3	-0.09	-0.28	0.11	-0.29	0.14	0.29	160.40%	-32%
采样深度	-0.12	-0.55	0.44	-0.78	0.52	-0.52	0.36	0.62	101.69%	-18.83%	0.7	-0.53	0.44	-0.78	0.77	-0.67	0.64	0.66	22.30%	-15.50%

相关系数（r）

变量	土壤含水率组							
	柱 C1		柱 C2		平均		SV	
	苯	萘	苯	萘	苯	萘	苯	萘
土壤初始含水量	0.1	0.28	-0.13	0.36	0.12	0.32	-766.67%	12.50%
淋滤后土壤含水量	0.11	0.31	-0.7	0.24	0.41	0.28	-137.29%	12.73%
土壤初始有机质含量	-0.09	-0.29	0.14	-0.36	0.12	0.33	460.00%	-10.77%
淋滤后土壤有机质含量	-0.15	-0.18	-0.05	-0.29	0.10	0.24	-50.00%	-23.40%
土壤粒径	0.1	-0.41	0.44	-0.42	0.27	0.42	62.96%	-1.20%
填充密度	-0.09	-0.28	0.13	-0.36	0.11	0.32	550.00%	-12.50%
采样深度	0.44	-0.78	0.6	-0.66	0.52	0.72	15.38%	-8.33%

不同年降雨量对淋滤后土柱有机质含量分布与萘残留量分布相关性影响最大，且随着年降雨量提升，淋滤后土柱有机质含量分布对萘残留量分布的影响逐步增强。

柱 B1、柱 B2 和柱 B3 中，苯残留量分布与采样深度相关系数平均绝对值最高且二者呈正相关。偏酸和偏碱都会显著提高其相关性，说明 pH 的升高和降低均能极大地促进表层土壤中的苯向下层转移；萘残留量分布与采样深度相关性最强但二者呈负相关，pH 增高和降低会使其负相关性减弱，可知 pH 的升高和降低也能在一定程度上促进表层土壤中的萘向下层迁移。由变异系数（SV）可知，淋滤液 pH 的改变对淋滤后土柱有机质含量分布与苯和萘残留量分布的相关性影响最大。

柱 C1 和柱 C2 中，苯和萘残留量分布与采样深度相关性最大。土柱初始含水率的降低会提升苯在包气带的残留量分布与采样深度的正相关性，同时降低萘在包气带的残留量分布与采样深度的负相关性，原因可能为降低土柱初始含水率会促进可溶性有机质向下迁移，进而促进污染物的迁移。由变异系数（SV）可知，土壤初始含水率的改变对土壤密度与苯残留量相关性影响最大，同时土壤初始含水率的改变对淋滤后土柱有机质含量分布与萘残留量分布相关性影响最大。

2.6.3.2　污染物在土水介质中的迁移规律研究结果

有机污染物在包气带固相和水相中的迁移主要受分配作用的影响，即在有机污染物的整个溶解范围内，土壤有机质等对水溶液中有机污染物的吸附等温线都是线性的，与表面吸附位无关，只与有机污染物的溶解度相关。线性吸附模型假设土壤中有机污染物在土水介质中处于土-水动态平衡，往往可用分配系数 K_d 表示，K_d 为有机污染物在土壤中的平衡浓度和水中平衡浓度的比值。但在场地中，由于介质的复杂性以及影响因素的多变性，K_d 值具有不定性。

为了深入探讨包气带中土水介质迁移特征，本研究总结了不同土柱特征污染物 K_d 值及其影响因素。见表 2-13，提升模拟年降雨量会促进污染物从固相向液相解吸；淋滤液 pH 的升高促进苯从固相到液相的解吸，原因在于 pH 越低，土壤对有机污染物的吸附能力越强。柱 B3 中萘 K_d 值没有按照柱 B1 和柱 B2 趋势变小，原因在于萘的低溶解性使土壤中吸附态萘远多于溶解态萘。柱 C1 和柱 C2 中，随着土壤初始含水率的下降，特征污染物 K_d 值变大，说明降低土柱初始含水率可以促进污染物从液相向固相的迁移，这是因为土壤初始含水率的下降可以提供更多吸附点位。由不同组土柱污染物 K_d 值的变异系数可知，淋滤液 pH 的变化对苯在土水介质中的影响最大，而影响萘在土水介质中迁移的最大变量为模拟年降雨量。

表 2-13 土柱不同土层苯和萘的 K_d 值

污染物	土层	柱 A1	柱 A2	柱 A3	柱 B1	柱 B2	柱 B3	柱 C1	柱 C2
苯	①	0.78	0.73	0.56	0.27	0.73	0.09	0.73	7.12
	②	2.31	1.34	0.34	6.94	1.34	0.23	1.34	1.74
	③	35	0.12	0.43	0.70	0.12	0.17	0.12	0.32
	④	1.26	0.25	2.52	1.36	0.25	1.77	0.25	0.27
	平均	1.80	0.61	0.96	2.32	0.61	0.57	0.61	2.36
	SD	0.50			0.82			0.88	
	SV	0.44			0.70			0.59	
萘	①	176.83	68.00	15.58	126.08	68.00	287.72	68.00	171.70
	②	25.57	47.14	8.94	69.64	47.14	238.96	47.14	20.88
	③	10.31	7.82	2.96	6.90	7.82	13.36	7.82	3.14
	④	12.11	6.48	1.43	13.91	6.48	9.51	6.48	1.49
	平均	56.21	32.36	7.23	54.13	32.36	137.39	32.36	49.30
	SD	20.00			45.26			8.47	
	SV	0.63			0.61			0.21	

2.6.4 结论

降低土壤初始含水率能有效提升包气带的缓冲功能；模拟年降雨量的增大和淋滤液 pH 的升高及降低都会增强表层土壤污染物向地下水迁移的能力。

相同环境因素下，特征污染物萘主要富集在包气带表层，而特征污染物苯会随环境因素的变化在不同土层富集。

增大年降雨量和升高淋滤液 pH 都会促进特征污染物从固相向液相的解吸；同样淋滤条件下，降低包气带含水率可以促进特征污染物从液相向固相的迁移。在所研究的变量中，淋滤液 pH 是特征污染物苯在土水介质中迁移的关键影响变量，而影响特征污染物萘在土水介质中迁移的最大变量为年降雨量。

第3章
焦化场地环境调查技术与规范研究

焦化场地环境调查是获取焦化场地信息、制订场地修复计划的重要步骤和有效途径。根据建设用地土壤和地下水调查的相关导则规范,焦化场地环境调查也可分为土壤污染状况调查和地下水环境状况调查两个方向。通过研究焦化场地土壤、地下水污染调查流程,明确调查内容,规范调查程序与方法,为科学、客观、准确开展焦化场地调查,适时准确地把握焦化场地污染状况,实现焦化场地的有效管理提供技术支撑。

3.1 焦化场地土壤污染状况调查

焦化场地土壤污染状况调查可分为 3 个阶段,即第一阶段土壤污染状况调查、第二阶段土壤污染状况调查和第三阶段土壤污染状况调查。

第一阶段土壤污染状况调查是以焦化场地资料收集、现场踏勘和人员访谈为主的污染识别阶段,原则上不进行现场采样分析。若第一阶段调查确认焦化场地内及周围区域当前和历史上均无可能的污染源,则认为焦化场地的环境状况可以接受,调查活动可以结束。

第二阶段土壤污染状况调查是以采样与分析为主的污染证实阶段。通常可以分为初步采样分析和详细采样分析两步进行,每步均包括制订工作计划、现场采样、数据评估和结果分析等步骤。初步采样分析和详细采样分析均可根据实际情况分批次实施,逐步减少调查的不确定性。

根据初步采样分析结果,如果污染物含量均未超过《土壤环境质量 建设用地土壤污染风险管控标准(试行)》(GB 36600—2018)等国家和地方相关标准以及清洁对照点含量(有土壤环境背景值的无机物),并且经过不确定性分析确认不需要进一步调查后,第二阶段土壤污染状况调查工作可以结束;否则认为可能存在环境风险,须进行详细调查。对标准中没有涉及的污染物,可根据专业知识和经验综合判断。详细采样分析是在初步采样分析的基础上,进一步采样和分析,确定土壤污染程度和范围。

第三阶段土壤污染状况调查以补充采样和测试为主，获得风险评估及土壤和地下水修复所需的参数。本阶段的调查工作可单独进行，也可在第二阶段调查过程中同时开展。

3.1.1 第一阶段土壤污染状况调查

3.1.1.1 资料收集与分析

（1）资料的收集

主要包括焦化场地利用变迁资料、焦化场地环境资料、焦化场地相关记录、有关政府文件以及焦化场地所在区域的自然和社会信息。当调查的焦化场地与相邻地块存在相互污染的可能时，须调查相邻地块的相关记录和资料。

焦化场地利用变迁资料包括用于辨识焦化场地及其相邻地块的开发及活动状况的航片或卫星图片，焦化场地的土地使用和规划资料，其他有助于评价焦化场地污染的历史资料（如土地登记信息资料等），焦化场地利用变迁过程中的焦化场地内建筑、设施、工艺流程和生产污染等的变化情况。

焦化场地环境资料包括焦化场地土壤及地下水污染记录、焦化场地危险废物堆放记录以及焦化场地与自然保护区和水源地保护区等的位置关系等。

焦化场地相关记录包括产品、原辅材料及中间体清单，平面布置图，工艺流程图，地下管线图，化学品储存及使用清单，泄漏记录，废物管理记录，地上及地下储罐清单，环境监测数据，环境影响报告书或报告表，环境审计报告和地勘报告等。

由政府机关和权威机构所保存和发布的环境资料包括区域环境保护规划、环境质量公告、企业在政府部门相关环境备案和批复以及生态和水源保护区规划等。

焦化场地所在区域的自然信息包括地理位置图、地形、地貌、土壤、水文、地质和气象资料等；社会信息包括人口密度和分布，敏感目标分布，土地利用方式，区域所在地的经济现状和发展规划，相关的国家和地方政策、法规与标准，以及当地地方性疾病统计信息等。

（2）资料的分析

调查人员应根据专业知识和经验识别资料中的错误和不合理的信息，如资料缺失影响判断焦化场地污染状况时，应在报告中说明。

3.1.1.2 现场踏勘

（1）安全防护准备

在现场踏勘前，根据焦化场地的具体情况掌握相应的安全卫生防护知识，并装备必要的防护用品。

（2）现场踏勘的范围

以焦化场地内为主，并应包括焦化场地的周围区域，周围区域的范围应由现场调查人员根据污染物可能迁移的距离来判断。

（3）现场踏勘主要内容

包括焦化场地现状与历史情况，相邻地块现状与历史情况，周围区域现状与历史情况，区域地质、水文地质和地形的描述等。

焦化场地现状与历史情况包括可能造成土壤和地下水污染的物质的使用、生产、贮存、"三废"处理与排放以及泄漏状况，焦化场地过去使用中留下的可能造成土壤和地下水污染的异常迹象，如罐、槽泄漏以及废物临时堆放污染痕迹。

相邻地块现状与历史情况包括相邻地块的使用现状与污染源，以及过去使用中留下的可能造成土壤和地下水污染的异常迹象，如罐、槽泄漏以及废物临时堆放污染痕迹。

周围区域现状与历史情况：对于周围区域目前或过去土地利用的类型（如住宅、商店和工厂等）应尽可能观察和记录；周围区域废弃的和正在使用的各类井，如水井等；污水处理和排放系统；化学品和废弃物的储存和处置设施；地面上的沟、河、池；地表水体、雨水排放和径流以及道路和公用设施。

区域地质、水文地质和地形的描述：应观察、记录焦化场地及其周围区域的地质、水文地质与地形，并加以分析，以协助判断周围污染物是否会迁移到焦化场地，以及焦化场地内污染物是否会迁移到地下水和焦化场地之外。

（4）现场踏勘的重点

重点踏勘对象一般应包括有毒有害物质的使用、处理、储存、处置，生产过程和设备，储槽与管线，恶臭、化学品味道和刺激性气味，污染和腐蚀的痕迹，排水管或渠、污水池或其他地表水体、废物堆放地、井等。同时应该观察和记录焦化场地及周围是否有可能受污染物影响的居民区、学校、医院、饮用水水源保护区以及其他公共场所等，并在报告中明确其与焦化场地的位置关系。

（5）现场踏勘的方法

可通过对异常气味的辨识、摄影和照相、现场笔记等方式初步判断焦化场地污染的状况。踏勘期间，可以使用现场快速测定仪器。

3.1.1.3 人员访谈

（1）访谈内容

应包括资料收集和现场踏勘所涉及的疑问的确定，以及信息补充和已有资料的考证。

（2）访谈对象

受访者为焦化场地现状或历史的知情人，应包括焦化场地管理机构和地方政府的人员，生态环境保护行政主管部门的人员，焦化场地过去和现在各阶段的使用者，以及焦化场地所在地或熟悉焦化场地的第三方，如相邻地块的工作人员和附近的居民。

（3）访谈方法

可采取当面交流、电话交流、电子调查表或书面调查表等方式。

（4）内容整理

应对访谈内容进行整理，并对照已有资料，对其中可疑处和不完善处进行核实和补充，作为调查报告的附件。

3.1.1.4　结论与分析

本阶段调查结论应明确焦化场地内及周围区域的污染源，并进行不确定性分析。说明可能的污染类型、污染状况和来源，并应提出第二阶段土壤污染状况调查的建议。

3.1.2　第二阶段土壤污染状况调查

3.1.2.1　初步采样分析工作计划

根据第一阶段土壤污染状况调查的情况制订初步采样分析工作计划，内容包括核查已有信息、判断污染物的可能分布、制定采样方案、制订健康和安全防护计划、制定样品分析方案、质量保证和质量控制等任务。

（1）核查已有信息

对已有信息进行核查，包括第一阶段土壤污染状况调查中重要的环境信息，如土壤类型和地下水埋深；查阅污染物在土壤、地下水、地表水或焦化场地周围环境的可能分布和迁移信息；查阅污染物排放和泄漏的信息。应核查上述信息的来源，以确保其真实性和适用性。

（2）判断污染物的可能分布

根据焦化场地的具体情况、焦化场地内外的污染源分布、水文地质条件以及污染物的迁移和转化等因素，判断焦化场地污染物在土壤和地下水中的可能分布，为制定采样方案提供依据。

（3）制定采样方案

采样方案一般包括采样点的布设，样品数量，样品的采集方法，现场快速检测方法，样品收集、保存、运输和储存等要求。

采样点水平方向几种常见的布点方法及适用条件如下：系统随机布点法适用于污染分布均匀的焦化场地；专业判断布点法适用于潜在污染明确的焦化场地；分区布点法适用于污染分布不均匀并已获得污染分布情况的焦化场地；系统布点法适用于各类焦化场地，特别是污染分布不明确或污染分布范围大的情况。

采样点垂直方向的土壤采样深度可根据污染源的位置、迁移和地层结构以及水文地质等进行判断设置。若对焦化场地信息了解不足，难以合理判断采样深度，可按 0.5～2 m 等间距设置采样位置。

（4）制订健康和安全防护计划

根据有关法律法规和工作现场的实际情况，制订焦化场地调查人员的健康和安全防护计划。

（5）制定样品分析方案

应根据保守性原则，按照第一阶段调查确定的焦化场地内外潜在污染源和污染物，依据国家和地方相关标准中的基本项目要求，同时考虑污染物的迁移转化，判断样品的检测分析项目；对于不能确定的项目，可选取潜在典型污染样品进行筛选分析。焦化场地可选择的检测项目有重金属、挥发性有机物、半挥发性有机物等。如土壤和地下水明显异常而常规检测项目无法识别时，可进一步结合色谱 - 质谱定性分析等手段对污染物进行分析，筛选判断非常规的特征污染物，必要时可采用生物毒性测试方法进行筛选判断。

（6）质量保证和质量控制

现场质量保证和质量控制措施应包括防止样品污染的工作程序，运输空白样分析，现场平行样分析，采样设备清洗空白样分析，采样介质对分析结果的影响分析，以及样品保存方式和时间对分析结果的影响分析等。

3.1.2.2　详细采样分析工作计划

在初步采样分析的基础上制订详细采样分析工作计划。详细采样分析工作计划主要包括评估初步采样分析的结果，制定采样方案，以及制定样品分析方案等。

（1）评估初步采样分析的结果

分析初步采样获取的焦化场地信息，主要包括土壤类型、水文地质条件、现场和实验室检测数据等；初步确定污染物种类、污染程度和空间分布；评估初步采样分析的质量保证和质量控制。

（2）制定采样方案

根据初步采样分析的结果，结合焦化场地分区，制定采样方案。应采用系统布点法加密布设采样点。对于需要划定污染边界范围的区域，采样单元面积不大于 1 600 m² （40 m × 40 m 网格）。垂直方向采样深度和间隔根据初步采样的结果判断。

（3）制定样品分析方案

根据初步调查结果，制定样品分析方案。样品分析项目以已确定的焦化场地关注污染物为主。

（4）其他

可在初步采样分析计划基础上制订详细采样分析工作计划中的其他内容，并针对初步采样分析过程中发现的问题，对采样方案和工作程序等进行相应调整。

3.1.2.3　现场采样

（1）采样前的准备

现场采样应准备的材料和设备包括定位仪器、现场探测设备、调查信息记录装备、监测井的建井材料、土壤和地下水取样设备、样品的保存装置和安全防护装备等。

（2）定位和探测

采样前，可采用卷尺、GPS 卫星定位仪、经纬仪和水准仪等工具在现场确定采样点的具体位置和地面标高，并在图中标出。可采用金属探测器或探地雷达等设备探测地下障碍物，确保采样位置避开地下电缆、管线、沟、槽等地下障碍物。采用水位仪测量地下水水位，采用油水界面仪探测地下水非水相液体。

（3）现场检测

可采用便携式有机物快速测定仪、重金属快速测定仪、生物毒性测试等现场快速筛选技术手段进行定性或定量分析，可采用直接贯入设备在现场连续测试地层和污染物垂向分布情况，也可采用土壤气体现场检测手段和地球物理手段初步判断焦化场地污染物及其分布，指导样品采集及监测点位布设。采用便携式设备在现场测定地下水水温、pH、电导率、浊度和氧化还原电位等。

（4）土壤样品采集

土壤样品分表层土壤和下层土壤。下层土壤的采样深度应考虑污染物可能释放和迁移的深度（如地下管线和储槽埋深）、污染物性质、土壤的质地和孔隙度、地下水水位和回填土等因素。可利用现场探测设备辅助判断采样深度。

采集含挥发性污染物的样品时，应尽量减少对样品的扰动，严禁对样品进行均质化处理。

土壤样品采集后，应根据污染物物理化性质等，选用合适的容器保存。汞或有机污染的土壤样品应在 4℃ 以下的温度条件下保存和运输。

土壤采样时应进行现场记录，主要内容包括样品名称和编号、气象条件、采样时间、采样位置、采样深度、样品质地、样品的颜色和气味、现场检测结果以及采样人员等。

（5）其他注意事项

现场采样时，应避免采样设备及外部环境等因素污染样品，采取必要措施避免污染物在环境中的扩散。

（6）样品追踪管理

应建立完整的样品追踪管理程序，内容包括样品的保存、运输和交接等过程的书面记录和责任归属，避免样品被错误放置、混淆及保存过期。

3.1.2.4　数据评估和结果分析

（1）实验室检测分析

委托有资质的实验室进行样品检测分析。

（2）数据评估

整理调查信息和检测结果，评估检测数据的质量，分析数据的有效性和充分性，确定是否需要补充采样分析等。

（3）结果分析

根据土壤和地下水检测结果进行统计分析，确定焦化场地关注污染物种类、浓度水平和空间分布。

3.1.3　第三阶段土壤污染状况调查

3.1.3.1　主要工作内容

主要工作内容包括焦化场地特征参数和受体暴露参数的调查。

焦化场地特征参数包括不同代表位置和土层或选定土层的土壤样品的理化性质分析数据（如土壤 pH、容重、有机碳含量、含水率和质地等）、焦化场地（所在地）气候、水文、地质特征信息和数据（如地表年平均风速和水力传导系数等）。根据风险评估和焦化场地修复实际需要，选取适当的参数进行调查。

受体暴露参数包括焦化场地及周边地区土地利用方式、人群及建筑物等相关信息。

3.1.3.2　调查方法

焦化场地特征参数和受体暴露参数的调查可采用资料查询、现场实测和实验室分析测试等方法。

3.1.3.3　调查结果

该阶段的调查结果供焦化场地风险评估、风险管控和修复使用。

3.1.4　土壤污染状况调查报告编写

焦化场地土壤污染状况调查工作完成以后，应编写焦化场地土壤污染状况调查报告。该报告是焦化场地土壤污染状况调查的最后一项内容，也是一项非常重要的内容。焦化场地土壤污染状况调查报告内容应包括以下方面：①报告名称与编号；②项目简介，包括项目的来由、调查的目的、调查的范围等；③场地概况，包括场地的地理位置、场地的环境概况和社会经济概况、场地污染源、场地的操作历史和污染历史等；④场地调查工作流程，包括采样点的设置、采样方法、样品保存和运输的方法、调查项目和分析方法等，还有各种图表；⑤场地调查结果，叙述场地各种途径（土壤、地下水、地表水、大气）以及场地污染源的调查结果，并对结果进行综合分析，说明场地污染的主要污染种类、污染程度、污染范围以及污染原因；⑥场地环境调查结论及建议；⑦附件（地理位置图、平面布置图、周边关系图、照片、法规文件、现场记录照片、现场探测的记录、实验室报告、质量控制结果和样品追踪监管记录表等）。

调查报告具体格式可参照《建设用地土壤污染状况调查技术导则》（HJ 25.1—2019）土壤污染状况调查报告编制大纲。

3.2　焦化场地地下水环境状况调查

地下水环境状况调查评价工作主要包括初步调查、详细调查、补充调查、调查报告编写等。地下水环境状况调查存在和土壤污染状况调查重复的内容，现场工作可根据实际需求进行调整。

3.2.1　初步调查

3.2.1.1　资料收集与分析

主要包括气象资料、水文资料、土壤资料、地形地貌地质、水文地质资料、土地利用、经济社会发展、地下水型饮用水水源和污染源相关信息。水文地质相关资料收集和制作的精度不低于1：2 000。

（1）气象资料

收集调查区近20年来主要气象站的气象系列资料，包括多年平均及月平均降水量、蒸发量、气温等资料；大气及降水主要污染物。

（2）水文资料

收集调查区地表水系分布状况，流量与水位变化，各水体或河系不同区段的化学成分分析资料、污染情况，水体底泥的污染情况，水体纳污历史等资料。

（3）土壤资料

收集地表岩性、土壤类型与分布、土壤有机质含量、土壤微生物、土壤化学与土壤污染等方面的调查分析资料。

（4）地形地貌、地质与水文地质资料

包括调查区地形地貌类型与分区、地层岩性、地质构造，包气带岩性、厚度与结构，地下水系统结构、岩性、厚度，含水层、隔水层的岩性结构及空间分布，地下水补径排条件，水量、水质、水位和水温，地下水可开采资源量和集中式地下水型饮用水水源分布情况，开发利用状况及其主要环境地质、水文地质问题等调查研究资料。地下水水质监测资料包括污染物组分及浓度、污染状况、污染分布特征及其变化情况等资料。

（5）土地利用

包括土地利用现状及其变化情况，城市和工矿用地的变迁、建设规模及其布局，农业用地现状及变化资料。

（6）经济社会发展

包括近 30 年来国民生产总值、产业结构、人口数量、人口密度及变化情况，区域经济发展规划等资料。

（7）污染源相关信息

包括污染源的类型、分布，主要污染物组成，污染物的排放方式、排放量和空间分布等资料。还包括重大水污染和土壤污染事件发生的时间、原因、过程、危害、遗留问题和防范措施等资料。

（8）综合分析

整理、汇编各类资料，对各类量化数据进行统计，编制专项和综合图表，建立相关资料数据库。综合分析调查区地质、水文地质资料，系统了解区域地下水资源形成、分布与开发利用情况。编录污染源信息，了解重要污染源类型及其分布情况。分析地表水、地下水质量分布及污染情况。

3.2.1.2　现场踏勘

通过对调查对象的现场踏勘，确认资料信息是否准确，现场识别关注区域和周边环境信息，确定初步采样的布设点位等。

（1）核对信息

对现场的水文地质条件、水源和污染源（区）信息、井（泉）点信息、土地利用情况、产业结构、居民情况、环境管理状况等进行考察，确认与资料是否一致。

（2）识别关注区域

通过调查下列情况识别关注区域，包括污染物生产、储存及运输等重点设施、设备的完整情况，物料装卸等区域的维护状况，原料和产品堆放组织管理状况，车间、墙壁或地面存在污染的遗迹、变色情况，存在生长受抑制的植物，存在特殊的气味等，同时可采用现场快速筛查设备（X射线荧光光谱分析仪、PID气体探测器等）配合开展污染识别。

（3）敏感目标

调查对象周边环境敏感目标（需特殊保护地区、生态敏感与脆弱区和社会关注区等）的情况，包括数量、类型、分布、影响、变更情况、保护措施及其效果。

（4）已有监测设备

调查对象地下水环境监测设备的状况，特别是置放条件、深度以及地下水水位。

（5）地形地貌

观察现场地形及周边环境，以确定是否适宜开展地质测量或使用其他地球物理勘察技术。

3.2.1.3　人员访谈

（1）访谈内容

应包括资料收集和现场踏勘所涉及的疑问的确定，以及信息补充和已有资料的考证。

（2）访谈对象

受访者为场地现状或历史的知情人，应包括场地管理机构、地方政府和生态环境保护行政主管部门的人员，场地过去和现在各阶段的使用者，以及场地所在地或熟悉场地的第三方，如相邻场地的工作人员和附近的居民。

（3）访谈方法

可采取当面交流、电话交流、电子调查表或书面调查表等方式。

（4）内容整理

应对访谈内容进行整理，对照已有资料，对其中可疑处和不完善处进行核实和补充，作为调查报告的附件。可参照调查对象的基础信息表开展资料收集、综合分析、现场踏勘、人员访谈等工作。

3.2.1.4　初步采样分析工作计划

若通过资料收集、现场踏勘表明焦化场地存在可能的污染，以及由于资料缺失等原因无法排除无污染时，将其作为潜在污染调查对象开展初步采样分析工作。制订初步采样分析工作计划，内容包括核查已有信息、判断污染物的可能分布、制定采样方案、制定样品分析方案、制订健康和安全防护计划、质量保证和质量控制等。可结合环境物探、勘察，基本确定调查区水文地质条件，如包气带、含水岩组的岩性结构、厚度与分布、边界条件，基本摸清调查对象周边地下水补径排条件，初步确定污染物种类和浓度分布。

（1）核查已有信息

对已有信息进行核查，如土壤类型和地下水埋深；查阅污染物在土壤、地下水、地表水或调查对象周围环境的可能分布和迁移信息；查阅污染物排放和泄漏的信息。核查上述信息的来源，以确保真实性和有效性。

（2）判断污染物的可能分布

根据调查区的污染源分布、水文地质条件以及污染物的迁移和转化等因素，判断调查区污染物在土壤和地下水中的可能分布，为制定采样方案提供依据。

（3）制定采样方案

采样方案一般包括采样点的布设，样品数量，样品的采集方法，现场快速检测方法，样品收集、保存、运输和储存等要求。

（4）制定样品分析方案

应根据保守性原则，按照资料收集和现场踏勘调查确定的调查区潜在污染源和污染物，同时考虑污染物的迁移转化，判断样品的检测分析项目；对于不能确定的项目，可选取潜在典型污染样品进行筛选分析。

（5）制订健康和安全防护计划

根据有关法律、法规和工作现场的实际情况，制订场地调查人员的健康和安全防护计划。

3.2.1.5　初步采样

（1）地下水监测点布设要求

①监测点应能反映调查与评价范围内地下水总体水质状况。对于面积较大的调查区域，沿地下水流向为主与垂直地下水流向为辅相结合布设监测点；对同一个水文地质单元，可根据地下水的补径排条件布设控制性监测点，调查对象的上下游、调查区垂直于地下水流方向的两侧、调查区内部以及周边主要敏感带点均有监测点控制；若调查区面积较大、地下水污染较重且地下水较丰富，可在地下水上游和下

游各增加 1～2 个监测井。

②地下水监测以浅层地下水为主，钻孔深度以揭露浅层地下水且不穿透浅层地下水隔水底板为准；对于调查对象附近有地下水型饮用水水源时，应兼顾主开采层地下水；如果调查区内没有符合要求的浅层地下水监测井，则可根据调查结论，在地下水径流的下游布设监测井；如果调查期内调查区没有地下水，则在径流的下游方向可能的地下水蓄水处布设监测井；若前期监测的浅层地下水污染非常严重，且存在深层地下水时，可在做好分层止水的条件下增加一口深井至深层地下水，以评价深层地下水的污染情况；存在多个含水层时，应在与浅层地下水存在水力联系的含水层中布设监测点，并将与地下水存在水力联系的地表水纳入监测。

③一般情况下，采样深度应在地下水水面 0.5 m 以下。对于低密度非水溶性有机物污染，监测点位应设置在含水层顶部；对于高密度非水溶性有机物污染，监测点位应设置在含水层底部和不透水层顶部。

④重点以已有监测点为基础，补充监测点需满足调查精度要求，尽可能地从周边已有的民井、生产井及泉点中选择监测点。在选用已有的地下水监测点时，必须满足监测设计的要求。

⑤岩溶区监测点的布设重点在于追踪地下暗河，按地下河系统径流网形状和规模布设采样点，在主管道露头、天窗处适当布设采样点，在重大或潜在的污染源分布区适当加密。

⑥在裂隙发育的调查区，监测点应布设在相互连通的裂隙网络上。

⑦地下水样品分析项目参照《地下水环境状况调查评价工作指南》和《建设用地　土壤污染风险管控和修复监测技术导则》（HJ 25.2—2019）执行。

（2）地表水采样点布设要求

调查对象周边 3 km 范围内，存在与地下水可能有水力联系的地表水体时，地表水采样位置应设在调查对象上下游及调查区内所有已确认污染的地下水排泄带及可能排泄区。地表水样品分析项目参照地下水污染特征指标。

3.2.1.6　初步采样布点方法

基于采样布点要求，初步调查的监测采样布点方法可参见《地下水环境状况调查评价工作指南》。

3.2.1.7　结论与分析

本阶段调查结论应明确调查对象及周边可能的污染源及敏感点（水源地、水源井和居民区等），说明可能的污染类型、污染状况和来源。根据采样分析，确定污染物种类、浓度（污染程度）和空间分布；分析初步采样获取的调查对象信息，包括地下水类型、水文地质条件、现场和实验室检测数据等。若污染物浓度超过相关质量标准以及对照点浓度，并经过不确定性分析，确认为人为污染，需要进行详细调查，否则调查结束。

3.2.2 详细调查

3.2.2.1 详细采样分析工作计划

根据初步采样分析的结果，结合地下水流向、污染源的分布和污染物迁移能力等，制订详细采样分析工作计划。

3.2.2.2 详细采样

（1）地下水监测点布设要求

布点数量要求：应采用系统布点法加密布设采样点。对于需要划定污染边界范围的区域，采样单元面积不大于 1 600 m²。垂直方向采样深度和间隔根据初步采样的结果判断。

布点位置要求：在污染源区应设置地下水背景井和监测井。背景井应设置在与调查区水文地质条件相类似的地下水上游、未污染的区域；监测井应设置在污染源区内。对现有可能受地下水污染的饮用水井和水源井进行布点。对于低密度非水溶性有机物污染，监测点应设置在含水层顶部；对于高密度非水溶性有机物污染，监测点应设置在含水层底部和隔水层顶部。针对不同含水层设置监测井时应分层止水。如果潜水含水层受到污染，则应对下伏承压含水层布设监测井，评估可能受污染的状况。

（2）布点方式要求

地下水污染详细调查监测井的布设应考虑场地地下水流向、污染源区的分布和污染物迁移能力等，采用点线面结合的方法进行布设，可采用网格式、随机定点式或辐射式等布点方法。对于低渗透性含水层，在布点时应采用辐射布点法。

结合地下水污染概念模型，选择适宜的模型，模拟地下水污染空间分布状态，对布点方案进行优化。

基于污染羽流空间分布的初步估算进行布点。污染羽流纵向布点：根据污染物排放时间、地下水流向和流速，初步估算地下水污染羽流的长度（长度 = 渗透速率 / 有效孔隙度 × 时间），在污染羽流下游边界处布设监测点。污染羽流横向布点：对于水文地质条件较为简单的松散地层，可以按照污染羽流宽度和长度之比为 0.3～0.5 的原则初步确定污染羽流的宽度，在羽流轴向上增加 1～2 行横向取样点。污染羽流垂向布点：对于厚度小于 6 m 的污染含水层（组），一般可不分层（组）

采样；对于厚度大于 6 m 的含水层（组），应根据调查区含水层的水力条件、污染物的种类和性质，确定具体的采样方式，原则上要求分层采样。

（3）地下水监测项目

监测项目以地下水初步采样分析确定的特征指标为主。

3.2.2.3　结论与分析

根据地下水检测结果进行统计分析，进一步明确调查区水文地质条件，进一步确定关注污染物种类、浓度（污染程度）和空间分布。当需进行风险评估、风险管控和治理修复且不满足相关要求时，需开展补充调查，并编制补充调查方案。

3.2.3　补充调查

补充调查以补充采样和测试为主，主要目的是完善调查结果，获得风险评估、风险管控和治理修复等工作所需的参数。主要工作内容包括特征参数和受体暴露参数的调查。

3.2.3.1　调查区特征参数

调查区特征参数宜包括下列信息。

地质与水文地质条件：地层分布及岩性、地质构造、地下水类型、含水层系统结构、地下水分布条件、地下水流场、地下水动态变化特征、地下水补径排条件等。

地下水污染特征：污染源、目标污染物浓度、污染范围、污染物迁移途径、非水溶性有机物的分布情况等。

受体与周边环境情况：结合地下水使用功能和用地规划，分析污染地下水与受体的相对位置关系、受体的关键暴露途径等。

3.2.3.2　受体暴露参数

调查和收集的受体暴露参数包括下列信息：调查区土地利用方式；调查区人口数量、人口分布、人口年龄和人口流动情况；评价区人群用水类型、地下水用途及占比及建筑物等相关信息，详细参见《地下水污染健康风险评估工作指南》。根据风险评估、风险管控和治理修复实际需要，可选取适当的参数进行调查。调查区特征参数和受体暴露参数可采用资料查询、现场实测和实验室分析测试等方法获取。

3.2.4　地下水调查报告编写

焦化场地地下水监测工作完成以后，应编写地下水环境调查报告。该报告是地下水环境调查的最后一项内容。地下水调查报告内容在土壤调查报告的基础上还包括：①地下水调查工作流程，包括采样点的设置、采样方法、样品保存和运输的方法、调查项目和分析方法等，还有各种图表；②地下水调查结果，说明地下水污染的主要污染种类、污染程度、污染范围以及污染原因；③地下水环境调查结论及建议；④附件（监测井建设记录、实验室报告、质量控制结果和样品追踪监管记录表等）。

调查报告具体格式可参照《地下水环境状况调查评价工作指南》附录。

3.3 焦化场地环境调查技术与规范案例研究

以山西某焦化厂为例，分别进行土壤环境状况调查和地下水环境调查。

3.3.1 焦化场地土壤污染状况调查

3.3.1.1 第一阶段土壤污染状况调查

（1）资料收集

该焦化场地位于山西省北部，占地面积约 196 185.84 m²，土地性质为工业用地。本地块目前收集到的资料如下。

①该场地《环保全面达标总结报告》《工程竣工验收报告》。

②地块变迁资料：借助新版的 Google Earth（GE）搜索不同时间的地块卫星图片，尝试发现地块变更的情况。

③地块相关记录：由于地块历史久远，原始变更记录缺失，因此地块相关情况主要通过人员访谈获得。

④地块所在区域的自然和社会经济信息：包括地块所在地的地理位置图、卫星图、地形、地貌、土壤、水文、地质、气象资料；地块所在地的人口密度和分布，敏感目标分布及土地利用现状等；区域所在地的经济现状和发展规划等。

（2）人员访谈

由于本地块的相关资料、记录极度缺乏，因此本项目的相关信息主要来源于人员访谈。访谈对象为焦化场地工作人员以及地块所在地附近居民。

（3）现场踏勘

本次现场踏勘的主要内容包括焦化场地的现状及历史情况，相邻地块的现状，相邻地块的历史情况，周围区域的现状与历史情况，地质、水文地质、地形的描述，建筑物、构筑物、设施或设备的描述。

地块的现状：观察和记录可能造成焦化场地内土壤和地下水污染的泄漏源头。

地块历史：观察和记录地块过去使用留下的任何迹象及可能造成土壤和地下水污染的物质。

相邻地块的现状：观察和记录相邻地块的使用现状及可能存在的污染。

相邻地块的历史情况：观察和记录相邻地块利用历史及造成土壤和地下水污染的可能性。

（4）结论与分析

①初步判断，焦化场地内的主要污染源及其污染物情况如下：

a. 地块内的污染源为煤焦油暂存池、熄焦平台、熄焦废水循环池、洗煤废水暂存池、煤泥干燥池、煤泥暂存池等。有毒有害污染物为重金属、氰化物、多环芳烃、酚类、苯系物、总石油烃、洗选剂（醇类、醚醇、酯类、羧酸及其盐类、烷基磺酸及其盐类、酚类、吡啶类）。

b. 周边污染源为机电厂和煤化工循环经济工业园区。包括机电维修、原煤洗选、炼焦、冶炼、水泥、发电、煤焦油精细加工等，其生产过程中产生的污染物也会通过大气和地下水传输影响地块。周边污染源产生的污染物包括重金属、氰化物、多环芳烃、酚类、苯系物、石油类、洗选剂（醇类、醚醇、酯类、羧酸及其盐类、烷基磺酸及其盐类、酚类、吡啶类）。

②污染迁移途径分析。

经分析，本地块土壤和地下水的污染途径主要包括以下三个方面：

a. 污染物遗撒和渗漏引起的水平和垂直迁移造成的污染。主要包括生产过程的跑、冒、滴、漏，原料和产品储存过程及固体废物临时存放过程的遗撒和渗漏，污水输送管线和污水处理设施的渗漏等过程。污染物的遗撒和渗漏会造成地块表层土壤的污染，然后污染物通过雨水的淋溶下渗，向下迁移至深层土壤和地下水，造成土壤和地下水的污染。地下水中的污染物还会在水流作用下通过弥撒、扩散等迁移造成污染范围的扩大。

b. 大气污染物干湿沉降造成的污染。厂区的生产过程中会产生大气污染物的无组织排放和组织排放，这些污染物因干湿沉降而降落至下风向地面，长此以往将引起地表土壤污染，再通过污染物的垂直迁移，污染深层土壤和地下水。地块外大气污染源的污染物排放同样也会通过该迁移途径影响到下风向的地块。

c. 土壤和地下水中挥发性污染物的再扩散。在地块受到挥发性有机污染物污染的情况下，地块局部区域的污染物会因其挥发作用产生水平和纵向迁移，造成污染范围的进一步扩大或再分布，或重新逸出地表。砂层和地下水中的挥发性有机物的分布尤为如此。本地块可能存在挥发性有机污染物污染。

③受体及暴露途径分析。

若本地块未来土地用途为居住，其未来规划使用条件下污染物的主要受体应是地块及周围的居民，具有以下风险暴露途径。

皮肤接触：生活在地块上的人员通过直接接触污染土壤（皮肤接触），引起污染物暴露。

经口摄入：生活在该地块上的人员意外摄取（如吞食）含污染物的土壤，引起污染物暴露。

颗粒物经口吸入：生活在该地块上的人员通过吸入含污染土壤的粉尘，引起污染物暴露。

室外蒸气吸入：生活在该地块上的人员通过吸入室外空气中的挥发性污染物气体，引起污染物暴露。

室内蒸气吸入：生活在该地块上的人员通过吸入挥发侵入室内空气中的挥发性污染物气体，引起污染物暴露。

④污染识别结论。

通过对焦化场地地块生产历史、主要原辅材料利用、生产工艺、污染物排放和处理等资料的分析，以及现场踏勘和调查访问，初步确认该地块存在疑似污染。

主要污染途径包括物料储存、运输、加工过程中的跑、冒、滴、漏，固体废物堆放过程中的淋溶，污水管线和污水处理设施的渗漏以及地块外大气污染物的干湿沉降等，可能造成地块表层土壤的污染，然后通过污染物的纵向迁移，污染深层土壤和地下水。本地块土壤和地下水的潜在污染区域为煤焦油暂存池、熄焦废水循环池、洗煤废水暂存池、煤泥干燥堆存池，污染物种类为重金属、氰化物、多环芳烃、酚类、苯系物、总石油烃、洗选剂（醇类、醚醇、酯类、羧酸及其盐类、烷基磺酸及其盐类、酚类、吡啶类）。

通过对本地块周边园区生产历史、主要原辅材料利用、生产工艺、污染物排放和处理等资料的分析，初步判断可能的污染物包括重金属、氰化物、多环芳烃、酚类、苯系物、石油类、洗选剂（醇类、醚醇、酯类、羧酸及其盐类、烷基磺酸及其盐类、酚类、吡啶类）。

综上，本地块可能存在的污染物包括重金属、氰化物、多环芳烃、酚类、苯系物、石油类、洗选剂（醇类、醚醇、酯类、羧酸及其盐类、烷基磺酸及其盐类、酚类、吡啶类）。

3.3.1.2　第二阶段土壤污染状况调查

（1）初步采样及分析

①初步采样分析工作计划。

结合焦化场地地块条件及污染源位置、污染物迁移规律和地层结构以及水文地质等进行判断，确定地块内土壤采样点和地下水监测井的水平布设及垂直采样深度。

平面布点：本次地块初步调查的布点重点包括生产区、废水暂存池、废渣堆放处、污水管网沿线、成品储罐区等区域，点位尽可能布设在上述区域或附近且在污染物迁移下游方向。除此之外，为初步了解生活办公区的污染状况，也需要在生活办公区进行适量布点，防止识别过程中的遗漏。每个疑似污染地块内至少布设 3 个采样点并要足以判断被污染区域范围。

深层布点：为确认污染物在地块土壤中的垂直分布情况及污染深度，本项目调查将采集分层土壤样品，包括表层土壤样品和深层土壤样品。具体的采样层次和采样深度则需根据前期地块污染状况分析结果、污染物迁移情况和收集的岩土勘察报告中的地层特征确定，一般首先采至相对不透水层，并且针对不同的疑似污染区域的点位设计不同的钻探深度，具体钻探深度应根据实际情况而定，并确保最终深度的土壤未受污染。

②布点方案。

初步调查采样的主要目的是核查已有信息、判断地块是否受到污染及污染物的可能分布。土壤采样点的布点数量应足以判断可疑点是否被污染。原则上每个疑似污染地块内至少布设 3 个采样点。土壤采样点的采样层次和深度应根据污染物在土壤中的垂直迁移特征和地面扰动深度等情况确定。原则上每个采样点至少采集 3 个以上不同深度的土壤样品，以确定污染物的垂直分布。

按照原生产功能，将焦化场地划分为 A 区、B 区、C 区、D 区 4 个区域。根据地块污染初步识别结论，对地块内可能存在的污染区域进行初步判断。本地块内可能存在的污染区域为 A 区和 B 区，主要进行炼焦生产和洗煤生产，因此以上区域为初步调查采样的重点关注区域。

本地块初步调查采样共布设土壤采样点位 24 个，分别位于不同区域。各区域布点情况见图 3-1。

图 3-1　地块土壤采样点布设

③采样方法、样品保存与流转、现场采样质量控制以及实验室检测和分析都按照相关标准进行，此处不再赘述。

④初步调查结果分析。

本地块暂未进行规划，按照保守原则，筛选标准选取《土壤环境质量　建设用地土壤污染风险管控标准（试行）》（GB 36600—2018）中的一类用地筛选值。

调查结果表明，本地块内炼焦区（A 区）和洗煤区（B 区）的回填固废中均有污染物含量超过本项目的土壤筛选标准，其中炼焦区的回填固废中对-异丙基甲苯、菲、苯并（a）蒽、苯并（b）荧蒽、苯并（a）芘、茚并（1,2,3-cd）芘、二苯并（a,h）蒽、苯并（g,h,i）芘含量超过了土壤筛选标准，详细调查阶段需重点关注；洗煤区的回填固废中对-异丙基甲苯含量超过了土壤筛选标准，详细调查阶段需重点关注。

本地块现堆存煤泥、煤矸石和路渣中均有污染物含量超过本项目的土壤筛选标准，其中煤泥中苯、对-异丙基甲苯含量超过了土壤筛选标准，详细调查阶段需重点关注；煤矸石中苯含量超过了土壤筛选标准，详细调查阶段需重点关注；路渣中砷、苯、对-异丙基甲苯含量超过了土壤筛选标准，详细调查阶段需重点关注。

⑤不确定性分析。

受基础科学发展水平、时间及资料等限制，本项目的初步调查可能存在以下不确定性。

a. 地块调查过程中的不确定性：本次调查过程中尽可能地收集了原厂区的资料，并走访了多位了解地块情况的技术员，但由于焦化厂的生产历史较长，该过程中是否发生过不为关注的未经记录的点源土壤污染事件，且地块调查过程中又恰好遗漏此污染点等情况可能对调查结果产生影响。

b. 地块采样过程中的不确定性：本次调查过程中尽可能地在疑似污染区域进行了布点，但由于土壤是一种特殊介质，与污染物在水和大气中扩散较快不同，土壤中的污染物迁移较慢，如不是长期的渗漏过程，很难产生面源污染，而小范围的点源污染很可能在布点过程中被遗漏；其次，挥发性半挥发性土壤样品采集时主要针对污染界面，可能形成最终污染深度的判断偏差。

⑥建议。

a. 初步调查结果表明本地块内存在污染，因此应尽快完成地块的详查调查工作，明确地块的污染程度、污染范围、污染深度等。

b. 依据调查结果与地块未来规划，采集相关评估参数，完成地块的风险评估，明确地块风险程度、修复目标值、修复范围与深度。

c. 本地块内存在大面积的回填，建议详细调查阶段应明确地块内固废回填范围及回填深度。

（2）详细采样分析

①评估初步采样分析的结果。

a. 本地块内回填固废和堆存固废中存在超过土壤筛选标准的污染物，主要包括砷、苯系物和多环芳烃，在详细调查阶段应重点关注固废中超标污染物是否对下层土壤造成污染。

b. 本地块初步调查阶段确认地块内煤焦油暂存池附近存在污染，主要污染物包括苯系物、酚类、多环芳烃和二苯并呋喃、咔唑。在详细调查阶段应重点关注煤焦油暂存池所在的炼焦区以及初步调查阶段确定的超标污染物。

②详细采样工作计划。

在详细调查采样阶段，对污染区域和其他区域布点，布点数量满足国家相关技术导则要求。

③布点方案。

根据导则要求和地块初步采样分析结果，确定本地块详细调查阶段土壤采样布点原则为：

a. 在初步采样阶段已查明的土壤超标点位周边进行加密布点，进一步查明污染范围。

b. 在场界适当设置边界采样点，为提高边界区域污染物含量的插值精度、有效确定修复范围提供科学依据。

c. 土壤采样点布设数量满足《建设用地　土壤污染风险管控和修复监测技术导则》（HJ 25.2—2019）的要求。

d. 土壤采样深度以初步采样阶段超标深度为基础，再结合地块土壤自然分层特性确定。具体采样深度和最终采样深度需依据便携式 XRF 检测仪、PID 检测仪等现场监测设备的监测结果，并结合土层颜色、气味等其他因素进行综合判断。最终样品深度应确保其未受污染。

e. 采样间隔应遵循以下原则。

3.0 m 以内采样间隔为：扣除地表非土壤硬化层厚度后，每隔 0.5 m 采集 1 个土壤样品，分别在 0.5 m、1.0 m、1.5 m、2.0 m、2.5 m、3.0 m 处。

3.0～6.0 m 范围内每隔 1 m 采集 1 个土壤样品，分别在 4.0 m、5.0 m、6.0 m 处。

6.0 m 以下，当某一土层厚度较大时，可适当增加采样间隔，但不应超过 2.0 m；当某一土层垂直变异或出现明显污染痕迹时，可适当增加采样点，采样间隔不小于 1.0 m、不大于 2.0 m；应保证每个土层至少设置 1 个采样点，一般布置在各土层分层界面顶部。

根据上述布点原则及初步调查地块土壤超标污染物的分布状况，确定地块详细调查布设土壤采样点 27 个。具体布点情况见图 3-2。

图 3-2　详细调查土壤采样点布设

④采样方法、样品保存与流转、现场采样质量控制以及实验室检测和分析都按照相关标准进行，此处不再赘述。

⑤详细调查结论。

a. 本地块内回填固废和堆存固废中存在超过土壤筛选标准的污染物，主要包括砷、苯系物和多环芳烃，建议清理。A 区回填固废主要为煤矸石，回填厚度大约为 4.0 m；B 区回填固废主要为焦炉拆除后的建筑垃圾和煤矸石，回填厚度大约为 3.0 m；C 区回填固废为拆除后的砖块，回填厚度大约为 2.0 m。回填固废清挖范围见图 3-3。

图 3-3 地块内回填固废清挖范围

b. 本地块环境调查阶段确认地块内煤焦油暂存池附近存在污染，污染物集中在包气带（地表以下 8.0 m）。表层污染来源于生产过程，深层污染与焦油池泄漏有关。主要污染物包括苯系物、酚类、多环芳烃和二苯并呋喃、咔唑，该地块需进入下一步风险评估阶段。

⑥不确定性分析。

受基础科学发展水平、时间及资料等限制，本项目的详细调查可能存在以下不确定性。

a. 地块调查过程中的不确定性：本次调查过程中尽可能地收集了原厂区的资料，并走访了多位了解地块情况的技术员，但由于焦化厂的生产历史较长，该过程中是否发生过不为关注的未经记录的点源土壤污染事件，且地块调查过程中又恰好遗漏此污染点等情况可能对调查结果产生影响。

b. 地块采样过程中的不确定性：本次调查过程中尽可能地在疑似污染区域进行了布点，但由于土壤是一种特殊介质，与污染物在水和大气中扩散较快不同，土壤中的污染物迁移较慢，如不是长期的渗漏过程，很难产生面源污染，而小范围的点源污染很可能在布点过程中被遗漏；其次，挥发性半挥发性土壤样品采集时主要针对污染界面，可能形成最终污染深度的判断偏差。

c. 地块环境污染范围的不确定性：本次调查采用点位间插值法进行污染范围的确定，可能造成划定范围相对实际范围稍大或稍小的情况，具有不确定性。

3.3.1.3　第三阶段土壤污染状况调查

主要工作内容包括焦化场地特征参数和受体暴露参数的调查。

（1）场地水文地质参数

场地特征参数对风险评估的结果存在影响。实际上，不同地层的特征参数存在较大差别。本次调查在考虑地层岩性变化及采样深度的基础上，在所考虑的深度范围内，将土壤主要划分为 4 个相对均匀的土层，分别计算各区各层污染物的风险。4 个土层的厚度分别为 2.0 m、6.0 m、2.0 m、12.0 m，分别计算污染物的风险。土壤的分层情况及各土层的土壤特征参数见表 3-1。

表 3-1　场地土壤特征参数

土壤分层	深度	土质	孔隙度	含水率 / %	渗透系数 / （cm/s）	密度 / （g/cm³）	pH	有机质含量 / （g/kg）
第一层	0～-2.0 m	杂填土	0.707	13.8	—	1.58	7.84	7.35
第二层	-2.0～-8.0 m	粉土	0.979	26.0	1.29×10^{-5}	1.37	7.65	9.94
第三层	-8.0～-10.0 m	砂土	—	—	1.18×10^{-4}	1.50*	7.92	6.34
第四层	-10.0～-22.0 m	粉质黏土	0.722	22.4	2.31×10^{-6}	1.58	7.78	8.78

注：* 表示该数值为经验值。

（2）暴露参数

本次调查中涉及的暴露参数根据《建设用地土壤污染风险评估技术导则》（HJ 25.3—2019）并结合场地实际规划确定。取值详见表 3-2。

表 3-2　暴露参数取值

暴露参数		单位	儿童	成人
致癌效应平均时间	AT_{ca}	d	27 740	27 740
非致癌效应平均时间	AT_{nc}	d	2 190	2 190
暴露周期	ED	a	6	24
暴露频率	EF	d/a	350	350
室内暴露频率	EFI	d/a	262.5	262.5
室外暴露频率	EFO	d/a	87.5	87.5
平均体重	BW	kg	19.2	61.8
平均身高	H	cm	113.15	161.5
每日空气呼吸量	DAIR	m³/d	7.5	14.5
每日摄入土壤量	OSIR	mg/d	200	100
每日皮肤接触事件频率	Ev	次/d	1	1
暴露皮肤占体表面积比	SER	量纲一	0.36	0.32
皮肤表面土壤黏附系数	SSAR	mg/cm²	0.07	0.07
经口摄入吸收效率因子	ABS_o	量纲一	1	1
吸入土壤颗粒物在体内滞留比例	PIAF	量纲一	0.75	0.75
室内空气中来自土壤的颗粒物所占比例	fspi	量纲一	0.8	0.8
室外空气中来自土壤的颗粒物所占比例	fspo	量纲一	0.5	0.5
空气中可吸入颗粒物含量	PM_{10}	mg/m³	0.119	0.119
暴露于土壤的参考剂量分配比例	SAF	量纲一	0.33（挥发性有机物）/0.5（其他污染物）	0.33（挥发性有机物）/0.5（其他污染物）

（3）建筑物参数

　　场地风险评估中的建筑物一般指地下车库、地下室等建筑附属空间，也包括建筑物的第一层。建筑物参数对污染物吸入途径有较大影响，主要影响因子有建筑物的长度、宽度和地基厚度等。

　　本次调查的健康风险评估计算过程中所需的建筑物参数主要参考《建设用地土壤污染风险评估技术导则》（HJ 25.3—2019）的建议值。各主要建筑物参数详情见表 3-3。

表 3-3 建筑物参数取值

建筑物参数	单位	取值
地基面积	cm²	700 000
室内地基厚度	cm	35
地基周长	cm	3 400
地基裂隙空气体积比	量纲一	0.26
地基裂隙水体积比	量纲一	0.12
室内空气交换速率	次 /d	12
室内外空气压差	g/ (cm · s²)	0
建筑物底面至地基底部距离	cm	35
室内空间体积与蒸气入渗面积比	cm	220
地基和墙体裂隙表面积所占比例	量纲一	0.000 5
气态污染物入侵持续时间	a	30

3.3.2 焦化场地地下水环境状况调查

3.3.2.1 初步调查

焦化场地地下水环境状况调查在土壤污染状况调查的基础上重点关注地下水分布条件。

（1）区域内地下水分布条件

根据地下水普查资料，调查区域地下水可采量为 4 357 万 m³，面积为 548 km²，补给量每年为 4 987 万 m³。整体情况方面，除山前倾斜平原、高河漫滩一带地下水较富外，其他地区均较贫乏。

①基岩裂隙水区：组成基岩裂隙含水层的岩性，是较广泛出露的前震旦系变质岩，及震旦系石英岩。当大气层降水之后，则沿着基岩裂隙水区的通道作各种形式的运动，在适当的条件下以泉的形式排出地表或以地下径流的方式补给其他岩层。本区水质良好，类型属 HCO_2-Ca-Mg 型水。

②山前倾斜平原孔隙水区：分为两个亚区。包括中埋富水亚区和中埋弱富水亚区。

a. 中埋富水亚区：面积占整个山前倾斜平原的 90% 以上，呈东西向长条分布，宽 3～5 km。现已揭露含水层最大深度在 150 m 左右，最少在 40 m。在水平方向上自北向南逐渐变薄，埋藏越来越深。

b. 中埋弱富水亚区：地貌上属两洪积扇之间的扇间洼地。由于处在洪积扇的边缘地带，沉积的中上更新统地层岩性则以洪积的黏土、亚黏土、亚砂土、砂砾石层为主。含水层埋深 20～82 m，厚度 5.5～42 m。水位埋深 20～40 m，水质较好。

③冲湖积平原孔隙水区：包括汾南、汾北二级阶地，汾河一级阶地及高河漫滩。

④黄土丘陵孔隙贫水区：含水层埋深在 182～214 m，一般厚度在 25 m 左右。

（2）地块地下水分布条件

本地块属于中埋弱富水亚区。勘探深度范围部分钻孔（A-1、A-2、A-3、B-7）揭露地下水水位，由于附近村庄大部分家庭都开挖了人工渗水井以收集地下水、灌溉农田，因此目前该层地下水水量较小，地块实测地下水初见水位埋深 19.1～25.0 m。本次勘察期间为平水期，地下水类型为上层滞水，含水层为粉土层，富水性极弱，主要由大气降水补给，地下水流向为北向南。年变化幅度在 1.0 m 左右。

根据《地下水质量标准》（GB/T 14848—2017）中地下水的分类要求，地下水功能适用于生活饮用水及工农业用水，属 Ⅲ 类水功能区。浅层地下水等水位线见图 3-4。

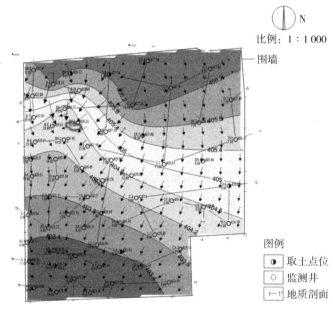

图 3-4　浅层地下水等水位线图

（3）初步采样分析工作计划

现场踏勘过程中，通过对周边居住区居民的访谈得知，本地块周边居住区内的家庭院落均有直径 1.5 m 左右的人工渗井，收集地下 20 m 左右由降水下渗至粉土层的上层滞水。收集的地下水主要用于农田灌溉。

根据现场踏勘及人员访谈结果，20 m 左右的上层滞水层富水性极弱，补给来源仅为降水途径，因此本地块地下水初步调查阶段仅在疑似重污染区布设监测井，验证该层滞水是否能够满足环境调查的要求。

（4）初步采样

根据地块污染识别结果及上述布点原则，在初步调查采样阶段，本地块内共设置 3 个地下水监测井，地块外设置 3 个地下水监测井。地下水采样的目标含水层为地块浅水层。根据地块地理位置及周边地表水系分布，地块内浅水层总体流向为自北向南。各监测井的具体位置详见图 3-5。

图 3-5　地块初步调查地下水监测井布设

（5）采样方法、样品保存与流转、现场采样质量控制以及实验室检测和分析都按照相关标准进行，此处不再赘述。

（6）初步调查结论

本地块初步调查结果表明，造成本地块浅层地下水污染的途径均不存在，因此判断地块内地下水不存在污染。

由于本场地地下水不存在污染，因此调查结束。

第4章
焦化污染场地风险评价

4.1　生态风险评价

　　生态风险评价是以化学、生态学、毒理学为理论基础，应用数学、物理学和计算机等科学技术，预测污染物对生态系统的影响，评价风险受体在一个或多个胁迫因素影响后，不利的生态后果出现的可能性。美国国家环境保护局（USEPA）定义的生态风险评价是研究一种或多种胁迫因子形成或者可能形成不利生态效应的可能性的过程。生态风险评价明确可能改变生态系统结构或功能特征的非自然影响（或可能性破坏），不仅可以预测即将发生的危害，也可以对已经或正在发生的不利影响进行分析。同时对一个或者几个不同性质的危害因子进行评价。在进行生态风险评价时，要对其中的不确定性进行定量分析和定性分析，并在分析数据中标明风险级别。

　　生态风险评价的关键问题是确定要保护的对象，即评价的目标。生态风险评价的对象是一个复杂系统，不仅是单一物种所遭受的危害，还包括生命系统的各个部分，综合物理过程、化学过程和生态过程及其之间的相互关系。清晰合理的评价目标可以帮助评价者确定量化的和可预测的变化对风险的贡献，以及管理目标是否已经或可能实现。合理的评价目标应包含两个方面：第一是有价值的生态要素，如物种、功能性群体、生态系统功能或特征、特殊生境或保留地；第二是要素的特征，即需要保护或可能面临风险的特征。

　　生态风险评价是一类处理生态环境问题的方法，其最终目标是用于环境风险管控，配合生态环境管理部门熟悉并预测生态干扰要素和结果之间的关系，通过对某种危害导致的负效应的科学评价，能够科学合理地对生态环境保护和管理工作提供决策支持，为区域的生态风险管控提供理论和技术支持。

4.1.1　生态风险评价的发展历程

1990 年，美国国家环境保护局首次提出生态风险评价的概念，即对生态系统受到一个或多个胁迫因素影响后形成不利生态效应的可能性进行评价。美国的生态风险评价是在人体健康风险评价的基础上发展起来的。1990 年，美国国家环境保护局正式提出了生态风险评价的定义，经过 8 年的研讨、修订和完善，美国国家环境保护局于 1998 年正式颁布了《生态风险评价指南》（Guidelines for Ecological Risk Assessment）。加拿大于 1996 年颁布了《生态风险评价框架》（Framework for Ecological Risk Assessment）。欧盟于 2003 年颁布了《风险评价技术指导文件》（Technical Guidance Document on Risk Assessment）。我国在 2011 年颁布了第一部生态风险评价的官方指导性文件——《化学物质风险评估导则》（征求意见稿）。

国内的生态风险评价起步于 20 世纪 90 年代，以借鉴和参考国外的研究成果为主。目前国内对生态风险评价的研究主要集中在大气和水生态，对土壤特别是城市土壤污染物及潜在的生态风险的研究还比较薄弱[36]。近些年来，国内在土壤污染物生态风险评价方面取得了一些进展，但主要集中在研究某一大类污染物，很少研究几大类污染物的生态风险。常见的土壤生态风险评价方法包括潜在生态风险指数（Potential Ecological Risk Index，RI）法、污染安全指数（Contamination Security Index，CSI）法和毒性单元（Toxicity Unit，TU）法等[37-38]。RI 法考虑了污染物的毒性以及在沉积物中的迁移转化规律以综合评价污染物对土壤生态环境的潜在风险[39]。CSI 法和 TU 法是基于沉积物环境质量基准（Sediment Quality Guidelines，SQGs）建立的，主要利用风险评估低值（Effects Range-Low，ERL，表示生物效应概率<10%）、风险评估中值（Effects Range-Median，ERM，表示生物效应概率>50%）等作为污染物生态风险标志水平来评价污染物的生态风险效应[40]。

地下水环境风险评价的相关科学研究逐渐发展。付在毅等[41]在进行区域生态风险评价时，将区域生态风险评价的流程归纳为界定与分析评价区域、受体分析、风险源分析、暴露与危害分析和风险综合评价等，此办法在黄河和江河三角洲湿地地域生态风险评价的科学研究中取得了成功的运用。李如忠等[42]将地下水环境风险概念在风险评定与安全风险重要程度相乘的基础上，对风险评定与安全风险重要程度的等级划分开展讨论，构建风险评价的模糊多属性决策分析模型。陈中涛等[43]、李娟等[44]分别对成品油管道以及加油站带来的土壤环境和地下水环境风险开展了评价。赵军平[45]将地下水污染的概率与环境污染的不良影响相乘的结果作为地下水的环境风险，对于事故情境的不可预测性和危害后果的严重性等特性，用事故对地下水危害的紧急程度替代地下水遭受环境污染的概率，用健康风险评价的结果表示环境污染的后果，以此来确认安全风险的大小。郑洁琼等[46]、杨昱等[47]、孙才志等[48]分别借助铅冶炼企业、再生水回灌和下辽河平原的经典地下水污染实例，对地下水的环境风险开展评估，构建评价标准体系，评价划分了地下水环境风险水平。腾彦国等[49]针对我国在地下水环境风险评价技术方法方面储备不足的问题，提出了区域地下水环境风险评价技术方法。

20 世纪 90 年代以来，随着世界经济的复苏与我国经济的快速发展，特别是国内钢铁生产的快速增长以及国际焦炭市场需求的剧增，国内焦化行业迅猛发展，我国焦炭产量与出口量已跃居世界第一位。几十年来，焦化行业为国内工业发展作出了巨大贡献，但同时也带来了严重的环境问题。在焦化生产过程中，焦炉无组织排放、熄焦水超标等问题十分突出。其中，焦化废水是一种典型的有毒难降解有机废水，成分复杂，废水中含有几十类无机化合物和有机化合物，无机污染物主要是铵盐、硫化物、氰化物、氟化物等，有机污染物除酚类化合物外，还包括脂肪族化合物、多环芳烃和含氮、硫、氧的杂环类化合物。焦化大气污染物主要包括粉尘、二氧化硫、氮氧化物及多环芳烃等，备煤、炼焦、熄焦等工段均有大气污染物产生，且大部分为无组织排放。焦化固体废物主要包括焦油渣、酸焦油、洗油再生残渣和脱硫废液等，这类物质组分复杂，具有强腐蚀性、难降解性。由于焦炭生产过程中有害物排放源多、排放物种类多、毒性大，多年来这些污染物通过化产回收的跑冒滴漏、冷凝洗脱等废水的渗漏、焦油废渣的堆存填埋，淋滤进入厂区范围的土壤及地下水中，对焦炭产地造成了人体健康和环境危害。

由于焦化产能过剩和环保压力加大等因素，以及国家焦化行业准入条件的修订，大量的焦化企业迁出城区，给城市遗留下大量的污染场地或潜在污染场地。传统的焦化企业一般占地面积较大，生产历史较长，场地污染情况复杂，污染物种类繁多，其遗留下的场地属于场地调查中难度较大的一类。由于国内污染场地调查和修复工作相对国外起步较晚，焦化污染场地调查的文献目前还较少。且因为各焦化厂生产工艺不同，如熄焦方式和副产品种类等，所以产生的土壤和地下水污染特征不尽相同，加之国内不同地区地质情况差别较大，导致相同污染物在不同地质条件下的分布也有差异。本研究将在焦化污染场地环境调查的基础上，进行生态风险评价，通过客观的、可靠的、一致性的评价过程，借助 WebGIS 技术可视化应用，期望适用于焦化污染场地生态风险评价，以便更好地开展场地调查工作以指导修复工程。

4.1.2　生态风险评价原则

生态风险评价一般遵循的原则为：①科学客观，即根据现阶段已获取的场地污染数据、揭露的场地水文地质条件，结合当前场地生态风险评估技术发展水平，客观地评估场地未来再开发情景下各种关注污染物的风险，并提出科学合理的风险控制目标；②遵守国内已有的法律法规，主要采用生态环境部于 2019 年发布实施的《建设用地土壤污染风险评估技术导则》中的相应风险评估方法及模型，对场地生态风险进行定量计算；③保守性原则，在进行风险评估及应采取风险控制措施的区域面积的估算过程中，在一定程度上进行保守假设。

4.1.3　生态风险评价方法

4.1.3.1　土壤

土壤污染风险评价的方法有商值法、地累积指数法、风险评价编码法、潜在生态危害指数评价法等。

（1）商值法

商值（quotient）法是通过参考现有文献或经验数据，设定一个化学污染物浓度水平为预测无效应浓度（PNEC），将环境受体中实测或预测的污染物浓度（PEC）与其比较后获得一个商值，即 HQ=PEC/PNEC；对应多个风险等级指标，对商值进行风险判定，如无风险、低风险、较高风险、高风险等。

商值法是美国国家环境保护局和欧盟推荐方法，是一种半定量生态风险评价方法，用于判定某化学污染物是否具有潜在有害影响。地累积指数法、潜在生态危害指数评价法均是在商值法的基础上发展而来的，是应用广泛的方法。

（2）地累积指数法

地累积指数（Igeo）法是通过各层土壤、沉积物中污染物含量及环境背景值来定量分析土壤、沉积物受污染程度。

焦化污染场地全部污染物的生态风险均可应用地累积指数法评价。计算分析过程具体全面，目前应用较广泛。

地累积指数法的具体计算过程如下：

$$\text{Igeo}=\log_2\left(C_n/1.5B_n\right) \tag{4-1}$$

式中：Igeo——地累积指数；

C_n——土壤、沉积物中污染物 n 的含量，mg/kg；

B_n——土壤、沉积物中污染物 n 的背景值，mg/kg；

1.5——校正系数，表征沉积特征、岩石地质及其他影响。

B_n 以当地土壤、沉积物在 1990 年全国普查资料中的重金属和多环芳烃含量水平作为背景值；若污染物无数据，采用国际权威机构生物毒性数据库相应的 PNEC 值。地累积指数分级标准见表 4-1。

表 4-1　地累积指数分级标准

Igeo	等级	污染程度	Igeo	等级	污染程度
≤0	0 级	无	3~4	4 级	高度
0~1	1 级	低—中	4~5	5 级	高—极高
1~2	2 级	中度	>5	6 级	极高度
2~3	3 级	中—高			

从场地特征信息库取得各点位检测数据、当地背景值，按照公式计算出地累积指数，对照分级标准获得地累积指数风险等级，利用 ArcGIS 绘制各层各点位三维风险图，提取得到风险等级在中等及以上级别的点位及其位置，输入场地生态风险环节管理接口。

（3）风险评价编码法

风险评价编码（Risk Assessment Code，RAC）法由 Perin 等于 1985 年提出，该法以可交换态和碳酸盐结合态为有效部分，以其占重金属总量的比例来评价样品中重金属的有效性，进而判断其生态风险。重金属有效性越高，其生态风险越大，反之越低。

RAC 法目前成为国内外常用的生态风险评价方法，是以重金属形态分析为基础的，认为不同的形态有不同的生态风险。

RAC 法的计算公式如下：

$$RAC = \left\{ [M]_{Exc} + [M]_{Car} \right\} \times 100\% / [M]_{Total} \qquad (4-2)$$

式中：$[M]_{Exc}$——样品中重金属元素可交换态量；

$[M]_{Car}$——样品中重金属元素碳酸盐结合态量；

$[M]_{Total}$——样品中重金属元素总量。

对生态风险进行定量评价时，RAC 法将重金属有效性分为 5 个风险等级，具体情况见表 4-2。

表 4-2　RAC 法风险等级

等级	风险程度	重金属有效性（即重金属中有效态所占百分数）/%
I	无风险	<1
II	低风险	1～10
III	中等风险	11～30
IV	高风险	31～50
V	非常高风险	>50

（4）潜在生态危害指数评价法

潜在生态危害指数评价法是利用各层土壤、沉积物中污染物含量，综合考虑不同污染物的生物毒性大小、污染物特性以及多种污染物复合污染结果，结合生态危害程度评价标准，评定土壤、沉积物可能存在的生态危害效应的方法。主要适用于焦化污染场地无机污染物生态风险评价。潜在生态危害指数的评价模型如下。

土壤、沉积物中单因子污染系数：

$$C_f^i = C^i / C_N^i \tag{4-3}$$

式中：C_f^i——第 i 种污染物的污染系数；

　　　C^i——实际测得第 i 种污染物的含量，mg/kg；

　　　C_N^i——第 i 种污染物含量背景值，mg/kg；

土壤、沉积物中单因子污染物的潜在生态危害指数：

$$E_r^i = T_r^i \times C_f^i \tag{4-4}$$

式中：E_r^i——第 i 种污染物的潜在生态危害指数；

　　　T_r^i——第 i 种污染物的毒性响应系数；

　　　C_f^i——第 i 种污染物的污染系数；

土壤、沉积物中污染物复合污染的潜在生态危害指数：

$$RI = \sum_{i=1}^{m} E_r^i \tag{4-5}$$

根据土壤、沉积物中各污染物的 E_r^i 和 RI 计算结果进行潜在生态危害指数分级，标准见表 4-3。

表4-3　污染物的潜在生态危害指数分级标准

取值范围	潜在生态危害指数程度
$E_r^i < 40$ 或 RI<150	轻微
$40 \leq E_r^i < 80$ 或 $150 \leq$ RI<300	中等
$80 \leq E_r^i < 160$	强
$160 \leq E_r^i < 320$ 或 $300 \leq$ RI<600	极强
$E_r^i \geq 320$ 或 RI>600	强烈

焦化污染场地无机类污染物的生态风险均可应用潜在生态危害指数法评价，从前述场地特征信息库取得各点位检测数据、当地背景值，污染物毒性响应系数应取自污染物毒理信息库，按照上述公式计算出潜在生态危害指数，对照分组标准获得潜在生态危害指数等级，利用 ArcGIS 绘制各层各点位三维风险图，提取得到风险等级在中等及以上级别的点位及其位置，输入场地生态风险环节管理接口。

（5）沉积物质量基准（SQC-Q）法

沉积物质量基准（Sediment Quality Criteria / Guideline，SQC-Q）是指沉积物中特定化学物质不会对底栖生物和上覆水水生生物或水生生态系统的其他功能产生危害作用的最高允许水平。按照美国国家环境保护局提出的关于沉积物质量基准的一般定义，这种最高允许水平是对于与沉积物直接接触的生物种类，即底栖生物。沉积物质量基准不仅是对水质基准的完善，同时也是沉积物质量评估和水生生态系统风险评价的基础。

SQC-Q 法综合考虑了各种污染因素，采用了修订的基准值，因此具有较高的可接受性和可信性。SQC-Q 法一般评价重金属、半挥发性污染物的生态风险。

（6）毒性当量（TEQ）法

毒性当量是评价某个化合物异构体的相对毒性强度或健康影响程度的计算指标。环境中存在的二噁英、多环芳烃、多氯联苯等均以混合物形式存在，评价接触这些混合物对健康产生的潜在效应并非是含量的简单相加。为评价这些混合物对健康影响的潜在效应，有学者提出了毒性当量的概念，并通过毒性当量因子（TEF）来折算。TEF 是某个化合物异构体的相对毒性，二噁英中毒性最强的 2,3,7,8-TCDD 的 TEF 为 1，其他二噁英异构体的毒性折算成相应的相对毒性。根据不同的试验条件可以得出不同的 TEF 值。

1988 年，北大西洋公约组织（North Atlantic Treaty Organization，NATO）以 2,3,7,8-TCDD 为基准，规定了 17 种有毒异构体的国际毒性当量因子（International Toxic Equivalence Factor，I-TEF）。通过计算 17 种有毒异构体浓度与对应 I-TEFs

的乘积的加和，可以评价研究对象总体的毒性（International Toxic Equivalence Quantity，I-TEQ）。

以土壤、沉积物和地下水中的各层点位多环芳烃为评价目标，采用 TEQ 法开展生态风险评价时，是将多环芳烃转化为与苯并芘相当的毒性（TEQ_{BaP}）来估算多环芳烃单体的致癌性，即 $TEQ_{BaP} = 单组分 i 浓度 \times TEQ_{BaP}^i$，然后将所有的毒性当量相加得到多环芳烃的 $\sum TEQ_{BaP}$。

焦化污染场地半挥发性有机物、挥发性有机物、有机氯农药和多氯联苯、多溴联苯和二噁英类有机污染物的生态风险均可应用 TEQ 法评价。

（7）多指标综合评价法

多指标综合评价法是采用改进的灰色关联度方法进行焦化污染场地的生态风险综合评级。灰色关联度模型是一种多指标评价方法，用灰色关联度来描述样本的数据与评价标准间的相似程度，关联度越大，说明样本越接近评价标准所代表的风险 / 质量等级。传统的灰色关联度模型是点对点的计算，改进的灰色关联度模型是点对区间的计算，一个完整的场地评价标准是一个等级，所以采用改进的灰色关联度模型进行计算。

具体计算时，将场地土壤分为优良、较好、一般、较差、恶劣 5 个等级。以各采样点位的实测值标准化后作为样本值，以评价标准的值标准化后作为比较区间，用灰色关联度法计算各采样点位与 5 个风险 / 质量等级间的灰色关联度值，依据最大隶属度原则确定各采样点位土壤的风险 / 质量等级。

（8）微生物或生物因子调查评价法

微生物或生物因子调查评价法是选取典型生物或微生物，进一步调查研究生长、代谢、发育、基因变化等生物指标，研究生物多样性、生物量及活性，从而进行生态风险评价。

此方法解决了目前国内外焦化污染场地生态风险评价方法难以评价污染物对生物的有效性或毒性，即场地污染对特定区域生态系统结构及功能的风险的问题，将是今后生态风险评价的工作方向。

几种常见土壤生态风险评价方法的比较见表 4-4。

表 4-4　土壤生态风险评价方法比较

评价方法	方法介绍	适用范围
商值法	是美国国家环境保护局和欧盟推荐方法，是一种半定量生态风险评价方法，用于判定某化学污染物是否具有潜在有害影响	应用广泛的方法

续表

评价方法	方法介绍	适用范围
地累积指数法	是通过各层土壤、沉积物中污染物含量及环境背景值来定量分析土壤、沉积物受污染程度	焦化污染场地全部污染物的生态风险均可应用地累积指数法评价。计算分析过程具体全面，目前应用较广泛
风险评价编码法	该法以可交换态和碳酸盐结合态为有效部分，以其占重金属总量的比例来评价样品中重金属的有效性，进而判断其生态风险	目前成为国内外常用的生态风险评价方法，是以重金属形态分析为基础的风险评价方法
潜在生态危害指数评价法	是利用各层土壤、沉积物中污染物含量，综合考虑不同污染物的生物毒性大小、污染物特性以及多种污染物复合污染结果，结合生态危害程度评价标准，评定土壤、沉积物可能存在的生态危害效应的方法	主要适用于焦化污染场地无机污染物生态风险评价
沉积物质量基准法	是指沉积物中特定化学物质不会对底栖生物和上覆水水生生物或水生生态系统的其他功能产生危害作用的最高允许水平	一般评价重金属、半挥发性污染物的生态风险
毒性当量法	通过毒性当量因子（TEF）折算评价混合物对健康影响的潜在效应的方法	焦化污染场地半挥发性有机物、挥发性有机物、有机氯农药和多氯联苯、多溴联苯和二噁英类有机污染物的生态风险均可应用 TEQ 法评价
多指标综合评价法	是采用改进的灰色关联度方法进行焦化污染场地的生态风险综合评级	是定性判定方法
微生物或生物因子调查评价法	是选取典型生物或微生物，进一步调查研究生长、代谢、发育、基因变化等生物指标，研究生物多样性、生物量及活性，从而进行生态风险评价	解决了目前国内外焦化污染场地生态风险评价方法难以评价污染物对生物的有效性或毒性的问题，将是今后生态风险评价的工作方向

4.1.3.2　地下水

地下水污染风险是指自然或人类干扰导致地下水环境恶化等的概率与污染后果的乘积。污染风险评价方法可分为定性和定量两大类。定性评价是根据经验和直观判断得出结果，具有一定的局限性，缺乏可比性。定量方法则是通过数学模型对一些定量指标进行计算，得出评价结果，具体包括叠置指数法、过程模拟法、统计方法[50]。

（1）叠置指数法

叠置指数法是将风险用几类指标来表征，对这几类指标逐级深入分析，形成风险指数表征体系，按照特定的评分原则得到对象的风险指数，根据风险指数所对应的级别进行分级的一种方法。该方法可操作性强、简单，是当前应用广泛的评价方法，但在评价指标的取值范围和权重的确定方面易受人为主观性的影响。叠置指数法常用的指数模型方法主要有 DRASTIC 模型法、GOD 模型法、EPIK 模型法、PI 模型法。

① DRASTIC 模型法。

DRASTIC 模型法是美国国家环境保护局为评价含水层易污性开发的国家标准评价系统，DRASTIC 模型法作为一种标准化的方法被普遍采用，适用于多孔介质潜水和承压水。但 DRASTIC 模型法在评价原理、评价方法和评价结果方面都存在一些缺陷[51]，使其存在局限性，在评价指标赋值和分配权重时易受到人为主观性的影响。

该模型法选取了 7 个评价指标（见表 4-6）。各指标评价标准为 1～10。根据各指标对地下水风险传递路径致险性能的影响程度赋值，D、R、A、S、T、I、C 的权重值分别为 5、4、3、2、1、5、3。进行加权计算后得到地下水风险传递路径致险性能，地下水脆弱性指数（DI）计算公式如下：

$$DI = D_W D_R + R_W R_R + A_W A_R + S_W S_R + T_W T_R + I_W I_R + C_W C_R \quad (4\text{-}6)$$

式中：R——指标值；

　　　　W——指标的权重值；

　　　　下标 R、W——评价指标的指标值和权重值。

地下水风险传递路径致险性能分析的主要评价指标见表 4-5。

表 4-5　地下水风险传递路径致险性能分析的评价指标

致险性	致险性能评价指标	
地下水风险传递路径致险性能	地形	地形坡度
	土壤	土壤类型、有机物含量、厚度、渗透性、吸附与解吸能力
	包气带	厚度、岩性、垂向渗透系数、水移动时间
	含水层	地下水深埋、厚度、渗透系数、弥散系数
	气候	净补给量、补给强度、年降水量
	地下水开发	开采量、开采强度、累积地面沉降量、地下水位下降强度
	土地利用	土地利用强度（土地利用覆被类型）
	污染负荷	污染物性质及类型、污染源类型、污染排放方式和排放强度

各参数的分级分析在 GIS 平台上进行，根据收集到的各参数数据，分别采用不同的方法导入 ArcGIS 中，生成可以用作分析的数据类型。在此基础上，依据评价指标风险等级划分和赋值表，利用 ArcGIS 中的重分类分析、栅栏计算器等功能，将各指标图层进行加权分析，绘制出研究区的地下水风险传递路径致险性能评价分级结果。

本方法所采用的各指标的分级评分是参考前人研究经验和历史资料确定的，各指标分级及定额见表 4-6。

表4-6 DRASTIC 模型法评分范围

地下水水位埋深/m 范围	评分	净补给量/mm 范围	评分	水力传导系数/(m/d) 范围	评分	地形 坡度/%	评分	土壤介质 类型	评分	含水层介质 类型	评分	包气带介质 类型	评分
0~1.5	10	0~51	1	0.05~4.89	1	0~2	10	薄层或缺失砾石层	10	块状页岩、黏土	2	承压层	1
1.5~4.6	9	51~102	2	4.89~14.67	2	2~6	9	砂层	9	变质岩/火成岩、亚黏土	3	淤泥/黏土、页岩	3
4.6~6.3	8	102~178	6	14.67~34.23	4	6~12	5	泥炭土	8	风化变质岩/火成岩、亚砂岩	4	灰岩、砂岩、层状砂岩、含较多淤泥或黏土的砂砾	6
6.8~9.1	7	178~254	8	34.23~48.93	6	12~18	3	胀缩性或团块状黏土	7	冰层、粉细砂	5	变质岩、火成岩	4
9.1~12.1	6	>254	9	48.93~97.86	8	>18	1	砂质壤土	6	层状砂岩、块状砂岩、灰岩和块状灰岩	6	砂砾	8
12.1~15.2	5			>97.86	10			亚黏土	5	砂砾石层	8	玄武岩	9
15.2~22.9	3							淤泥质黏土	4	玄武岩	9	岩溶灰岩	10
22.9~30.5	2							黏土	3	岩溶灰岩	10		
>30.5	1							腐殖土	2				
								非胀缩或非团块状黏土	1				

根据借鉴前人的经验以及查阅相关规定，DRASTIC 模型法选用的 7 个评价指标具有不同的权重，本研究按照其对地下水生态风险传递路径致险性能的影响程度，将其重要性分为 1～5 级。若一个指标对地下水生态风险传递性能的影响最大，则评分为 5；反之，若一个指标对地下水生态风险传递路径致险性能的影响最小，则评分为 1。按上述方法对 7 个评价指标进行评分，得到权重，具体权重见表 4-7。

表 4-7　DRASTIC 模型法权重

评价指标	权重
地下水水位埋深（D）	5
净补给量（R）	4
含水层介质（A）	3
土壤介质（S）	2
地形（T）	1
包气带介质（I）	5
水力传导系数（C）	3

以上述方法得到各指标的权重，进行地下水生态风险传递路径致险性能分析，公式为：

$$DRASTIC = 5 \times D + 4 \times R + 3 \times A + 2 \times S + 1 \times T + 5 \times I + 3 \times C \qquad (4-7)$$

运用 ArcGIS 空间分析可以得到研究区地下水风险传递路径致险性能指标分布图。若一个区域的地下水生态风险传递路径致险性能较高，则该地地下水易被污染，反之则不易被污染。

② GOD 模型法。

GOD 模型法是一种评价含水层防污性的经验方法，属于叠置指数法中参数系统法下的标定系统（RS）方法[52]。GOD 模型法简单可行，适用于多孔介质潜水和承压水，但未充分考虑岩性类型和岩层厚度，存在局限性。

该模型法选择了 3 个评价指标——地下水类型（G）、盖层岩性（O）、地下水埋深（D）。对每个评价指标进行赋值，范围为 0～1，模型污染性指数 D_i 的计算公式为：

$$D_i = G \times O \times D \qquad (4-8)$$

式中：D_i——污染性指数；

　　　G——地下水类型；

O——盖层岩性；

D——地下水埋深[53]。

其中，地下水类型（G）反映地下水的埋藏特点；盖层岩性（O）指含水层上覆地层的岩性特征，主要控制污染物的渗流途径、渗流长度以及在运移过程中经历的各种反应；地下水埋深（D）是指地表至潜水位的深度。其中，在评价承压水时忽略盖层岩性（O），即 $D_i = G \times D$。各项指标评分范围见表 4-8。

表 4-8　COD 模型法评分范围

地下水类型		地下水深埋 /m		盖层岩性	
范围	评分	范围	评分	范围	评分
无含水层	0	<2	1.0	残余土壤	0.4
自流层	0.1	2～5	0.9	冲积淤泥与黄土	0.5
承压水	0.2	5～10	0.8	风化砂；火成岩；凝灰岩；粉砂岩	0.6
半承压水	0.3	10～20	0.7	砂和砾石；砂岩；石灰华	0.7
半潜水	0.4～0.6	20～50	0.6	砾石	0.8
潜水	0.7～1.0	50～100	0.5	石灰岩	0.9
		>100	0.4	裂缝或喀斯特石灰岩	1.0

地下水防污性能越差，其 D_i 值越高。地下水防污性能按照 D_i 值划分为 5 个等级：D_i 值小于 0.1 为 1 级，防污性能好；D_i 值介于 0.1～0.3 之间为 2 级，防污性能较好；D_i 值介于 0.3～0.5 之间为 3 级，防污性能中等；D_i 值介于 0.5～0.7 之间为 4 级，防污性能较差；D_i 值介于 0.7～1.0 之间为 5 级，防污性能差。

③ EPIK 模型法。

EPIK 模型法是针对岩溶区域地下水防污能力的评价，EPIK 模型法在评价岩溶地下水预防农业污染源污染的能力方面效果较好。仅适用于小范围的水源地防污评价，具有局限性。

EPIK 模型法的影响因子主要包括：表层岩溶带性质（E）、保护层特征（P）、降雨入渗条件（I）及岩溶管道发育条件（K）。E 因子用来表征表层岩溶带中降水的储存和运移情况；I 因子主要考虑坡度和土地利用等因素的影响；P 因子表征从地表到岩溶地下水水位之间的覆盖层对地下水防污能力的影响；K 因子表征岩溶含水层中岩溶网络发育条件。EPIK 模型评价公式为：

$$D_i = W_E Q_E + W_P Q_P + W_I Q_I + W_K Q_K \tag{4-9}$$

式中：Q——各个因子的评分；

　　　W——各个因子的权重。

D_i 值越大，防污性能越好，含水层越不容易遭到污染。

④ PI 模型法。

PI 模型法主要应用于岩溶水。评价指标主要包括保护层因子（P）和径流因子（I）。保护层因子表征从地表到地下水水位之间的覆盖层对地下水防污能力的影响；径流因子描述岩溶地下水的径流特征，表征通过落水洞与漏斗快速补给岩溶地下水的情况。其计算方法为 P 因子和 I 因子相乘。评价结果取值越小，岩溶地下水防污能力越弱。

保护层因子（P）根据公式计算得出：

$$P_{TS} = \left[T + \left(\sum_{i=1}^{m} S_i \cdot M_i + \sum_{j=1}^{n} B_j M_j \right) \right] \cdot R + A \qquad (4\text{-}10)$$

式中：T——地表土壤层厚度指数；

　　　S——各层土壤类型属性值；

　　　B——各覆盖层基岩因子［由岩性因子（L）与构造因子（F）决定］；

　　　M——各覆盖层厚度；

　　　R——年均补给量指数；

　　　A——压力常数。

径流因子（I）的影响因素主要包括地表植被覆盖、地形坡度、地表与低渗层间距离、水力传导系数、落水洞及地下暗河等。评价结果（P 因子和 I 因子的乘积）在 $0 \sim 5.0$ 之间，以符号 π 表示，π 的取值越大表示岩溶地下水的防污能力越强。

⑤模型方法对比。

叠置指数法常用指数模型方法对比见表 4-9。

表 4-9　叠置指数法常用指数模型方法对比

名称	评价指标	方法描述	应用范围
DRASTIC 模型法	地下水水位埋深（D）、净补给量（R）、含水层介质（A）、土壤介质（S）、地形（T）、包气带介质（I）、水力传导系数（C）	$D_i = D_W D_R + R_W R_R + A_W A_R + S_W S_R + T_W T_R + I_W I_R + C_W C_R$，用 D_i 反映地下水脆弱性，指数越大，越容易遭受污染	多孔介质潜水、承压水

续表

名称	评价指标	方法描述	应用范围
GOD 模型法	地下水类型（G）、盖层岩性（O）、地下水埋深（D）	污染性指数 $D_i=G \times O \times D$，评价承压水时忽略盖层岩性（O），即 $D_i=G \times D$，取值范围为 $0 \sim 1$	多孔介质潜水、承压水（经验方法）
EPIK 模型法	表层岩溶带性质（E）、保护层特征（P）、降雨入渗条件（I）、岩溶管道发育情况（K）	$D_i=W_E Q_E+W_P Q_P+W_I Q_I+W_K Q_K$，$D_i$ 值越大，防污性能越好，含水层越不容易遭到污染	岩溶水
PI 模型法	保护层因子（P）、径流因子（I）	$D_i=P_{TS} \times I$，D_i 越低，防污性能越差，含水层越容易遭到污染	岩溶水

（2）过程模拟法

过程模拟法是通过建立水流和污染物迁移模型，在此基础上建立风险评价的数学公式，将各项指标定量化得到评价综合指数，对当地的地下水污染进行风险研究，可较好模拟地下水污染物的迁移规律，描述影响地下水污染的物理过程、化学过程和生物过程等。但该方法需要大量的监测数据和资料信息，且模型的参数较多、求解复杂。王洪亮等对热电厂地下水污染进行系统分析，基于过程模拟法选取评价因子，通过数值法来模拟污染物浓度的动态变化及迁移途径，得到热电厂地下水风险等级[54]。

过程模拟法可得到风险等级及污染发生的时间和地点、污染物浓度、污染面积等。过程模拟法适用于小区域低风险评价，运用的模型主要包括 FEFLOW 模型法、HYDRUS 模型法、Visual MODFLOW 数值模拟模型法等。

① FEFLOW 模型法。

FEFLOW 模型法又称多组分饱和带非饱和带溶质运移模拟。在 20 世纪 70 年代，德国 WASY 水资源规划和系统研究所开发了基于有限元法的地下水模拟 FEFLOW 软件，用于解决水量模拟、水质模拟、温度模拟等方面的问题。该软件具有图形人机对话、地理信息系统数据接口、自动产生空间各种有限单元网格、空间参数区域化及快速精确的数值算法和先进的图形视觉化技术等特点。高月香等运用 FEFLOW 软件，对高尔夫球场建立地下水溶质运移模型，预测污水在未经过处理时污染物的迁移情况，为该地区地下水风险评价及监管提供依据[53]。FEFLOW 模型方程如下：

$$
\begin{cases}
R\theta\dfrac{\partial C}{\partial t} = \dfrac{\partial}{\partial X_i}\left(\theta D_{ii}\dfrac{\partial C}{\partial X_y}\right) - \dfrac{\partial}{\partial X_i}(\theta v_i C) - WC_s - WC - \lambda_1\theta C - \lambda_2\rho_b\vec{C} \\
C(x,y,z) = C_0(x,y,z) \qquad (x,y,z)\in\Omega, \quad t=0 \\
C(x,y,z,t)|_{\Gamma_1} = C(x,y,z,t) \quad (x,y,z)\in\Gamma_1, \quad t\geqslant 0 \\
\theta D_{ij}\dfrac{\partial C}{\partial x_j}|_{\Gamma_1} = f_i(x,y,z,t) \qquad (x,y,z)\in\Gamma_2, \quad t>0
\end{cases}
\tag{4-11}
$$

式中：R——迟滞系数；

θ——介质孔隙度；

C——组分浓度，g/kg；

t——时间，d；

$\vec{C}$——介质骨架吸附的溶质浓度，g/kg；

D_{ij}——水动力弥散系数张量，m^2/d；

v_i——地下水渗流速度张量，m/d；

W——水流源汇项，1/d；

C_s——组分的浓度，g/L；

λ_1——溶解相一级反应速率，1/d；

λ_2——吸附相反应速率，1/d；

ρ_b——介质密度，kg/dm^3；

$C_0(x, y, z)$——已知浓度分布；

Ω——模型模拟区；

Γ_1——给定浓度边界；

$C(x, y, z, t)$——定浓度边界上的浓度分布；

Γ_2——通量边界；

$f_i(x, y, z, t)$ ——边界 Γ_2 上已知的弥散通量函数。

② HYDRUS 模型法。

HYDRUS[55] 是国际地下水模拟中心于 1999 年开发出的商业化软件，是一种用于分析水流和溶质在非饱和多孔隙媒介中运移的环境数字模型，是用土壤物理参数模拟水、热及溶质在两维非饱和土壤中运动的有限元计算机模型。

a. 水分运移模型。

包气带土壤水分运移一般遵循达西定律，且符合质量守恒的连续性原理。不考虑热运移，以含水率为变量的一维垂向土壤水分运动方程为：

$$\frac{\partial \theta}{\partial t} = \frac{\partial}{\partial z}[K(\frac{\partial h}{\partial z} + \cos\alpha)] - S \qquad (4\text{-}12)$$

式中：θ——含水率，L^3L^{-3}；

h——压力水头，L；

t——时间，T；

z——空间坐标（向上为正），L；

α——水流方向与垂直方向的夹角，取 0；

S——源汇项，$L^3L^{-3}T^{-1}$；

K——非饱和土壤导水率，LT^{-1}。

初始条件：t_0 时刻，已知垂向上压力水头分布为：

$$h(z,t) = h_i(z), \quad t = t_0 \qquad (4\text{-}13)$$

式中：h_i——初始土壤剖面压力水头，L；

t_0——模拟初始时间，T。

边界条件：一类边界、二类边界和三类边界分别为：

$$h(z,t) = h_0(z), \quad z=0 \text{ 或 } z=H \qquad (4\text{-}14)$$

$$-K(\frac{\partial h}{\partial z} + \cos\alpha) = q_0(t), \quad z=0 \text{ 或 } z=H \qquad (4\text{-}15)$$

$$\frac{\partial h}{\partial z} = 0, z = 0 \qquad (4\text{-}16)$$

式中：h_0——已知压力水头值，L；

q_0——边界上水分通量，LT^{-1}。

b. 溶质运移模型。

土壤中溶质迁移应用对流 - 扩散方程：

$$\frac{\partial(\theta c)}{\partial t} = \frac{\partial}{\partial z}\left[\theta D \frac{\partial c}{\partial z}\right] - \frac{\partial qc}{\partial z} - S \times \mathrm{Cr} - \mu\theta c + \gamma\theta \qquad (4\text{-}17)$$

式中：c——溶质浓度，mg/L；

θ——体积含水量；

D——溶质在水中的扩散 - 弥散系数；

q——体积通量密度，cm/d；

S——吸收项；

　　C_r——吸收项浓度，mg/L；

　　μ—— 一级反应常数；

　　γ——零级反应常数。

初始条件：

$$c(z,0) = c_0(z) \qquad (4\text{-}18)$$

上边界条件为定浓度的边界条件：

$$c(t) = c_0(t) \qquad (4\text{-}19)$$

下边界条件为定通量的边界条件：

$$-\theta D \frac{\partial c}{\partial z} + qc = q_0 c_0 \qquad (4\text{-}20)$$

式中：$c_0(z)$——初始时刻土壤中硝酸盐溶质浓度，ML^{-3}；

　　　　$c_0(t)$——剖面上边界硝酸盐初始浓度；

　　　　q——模型下边界通量，LT^{-1}；

　　　　c——下边界浓度，ML^{-3}；

　　　　q_0——模型上边界通量，LT^{-1}。

c.模型参数确定。

为了对污染物在包气带及地下水中的迁移进行模拟，需要对各参数进行赋值。主要参数由实际测量及参考文献和 HYDRUS 模型中给定的经验值获得。

③ Visual MODFLOW 数值模拟模型法。

模块化地下水三维流有限差分模型（The Modular Finite-Difference Groundwater Flow Model，MODFLOW）由美国地质调查局（USGS）开发，用来模拟地下水流动和污染物迁移等特性，是国际上模拟地下水流和污染物运移使用最为广泛的软件，基于对溶质在多孔介质中运动的大量理论和实验研究的总结而来。具有操作简便、界面直观、数据输入和输出便捷等优点[56]。

该软件主要由 MODFLOW（水流）、MODPATH（流线示踪）和 MT3D（溶质运移）三大部分组成。输入一系列的水文地质参数，通过其对地下水含水层进行理化生物过程模拟，开展地下水污染风险评估和地下水污染修复。运移能力强的污染物的污染风险就大，运移能力弱的污染物的污染风险相对较小。其对研究区域的数据要求较高，模型参数较难统计，侧重研究的是污染物的时空分布特征和污染途径识别，与风险灾害缺乏关联。该法适用于复杂地质条件下污染物小范围影响的地下水评价。

三维地下水稳定流 MODPATH 的质量平衡方程为：

$$\frac{\partial}{\partial x}\left(k_{xx}\frac{\partial h}{\partial x}\right)+\frac{\partial}{\partial y}\left(k_{yy}\frac{\partial h}{\partial y}\right)+\frac{\partial}{\partial z}\left(k_{zz}\frac{\partial h}{\partial z}\right)-w=S_{s}\frac{\partial h}{\partial t} \quad\quad （4-21）$$

式中：k_{xx}、k_{yy}、k_{zz}——沿 x、y、z 方向的渗透系数，LT^{-1}；

　　　h——测压管的水头，L；

　　　w——非平衡状态下地下水的源汇通量，T^{-1}；

　　　S_{s}——含水层介质的储水率，L^{-1}；

　　　t——时间，T。

三维地下水稳定流 MODPATH 的质量平衡方程为：

$$\frac{\partial(nV_{x})}{\partial x}+\frac{\partial(nV_{y})}{\partial y}+\frac{\partial(nV_{z})}{\partial z}=w \quad\quad （4-22）$$

式中：n——有效孔隙率，%；

　　　V_{x}、V_{y}、V_{z}——x、y、z 坐标轴上流速矢量的分量，LT^{-1}；

　　　w——含水层内单位体积源汇产生的水量，T^{-1}。

溶质运移模型 MT3D 的基本方程为：

$$\frac{\partial c}{\partial t}=\frac{\partial}{\partial x_{i}}\left[D_{ij}\frac{\partial c}{\partial x_{i}}\right]-\frac{\partial}{\partial x_{i}}(V_{i}C)+\frac{q_{s}}{Q}C_{s}+\sum R_{k} \quad\quad （4-23）$$

式中：C——污染物的浓度，CL^{-1}；

　　　t——时间，T；

　　　x_{i}——沿坐标轴各方向距离，L；

　　　D_{ij}——水力扩散系数；

　　　V_{i}——地下水渗流速度，LT^{-1}；

　　　q_{s}——源汇的单位流量，L^{-1}；

　　　C_{s}——源汇的浓度，CL^{-1}；

　　　Q——含水层孔隙率，%；

　　　$\sum R_{k}$——化学反应项。

（3）统计方法

统计方法针对研究区域已有的地下水污染监测资料和发生污染的地下水相关信息，运用合适的统计学分析工具，将已赋值的各项参数导入模型计算，以取得评价结果。统计方法可以客观地筛选出影响地下水污染的主要因素，避免人为主观性影响，但其没有涉及污染发生的基本过程并且评价时需要大量的监测资料和相关信息作为基础，应用有限。常见的方法主要有逻辑回归分析法、线性回归分析法、地理统计法。逻辑回归分析法是将自然变量、人为变量相关联，依据模型变量和系数值，建立逻辑回归相关模型，得到评价结果。Tesoriero 等用逻辑回归分析法预测 NO_3^- 污染地下水的概率并评价，与预期表现较为符合[57]。线性回归分析法是在地下水输入输出系统中，确定因变量与自变量，得到因变量与自变量的线性回归方程，再进行相关性分析，确定最优回归方程，进行某一地区的地下水风险评价。Masetti 等运用地理统计法，对井口的地下水硝酸盐浓度进行持续监测，使用 3 种不同的硝酸盐浓度，进行浅层无限制含水层的脆弱性评估，结果表明地理统计法在评价地下水脆弱性时具有良好的效果[53]。

几种常见地下水生态风险评价方法的比较见表 4-10。

表 4-10　地下水生态风险评价方法比较

评价类型	评价方法	方法介绍	优缺点
定性评价	经验法	根据经验和直观判断得出结果	应用简单，但具有一定的局限性，缺乏可比性
定量评价	叠置指数法	将风险用几类指标来表征，对这几类指标逐级深入分析，形成风险指数表征体系，按照特定的评分原则得到对象的风险指数，根据风险指数所对应的级别进行分级	方法简单、操作性强，在评价指标的取值范围和权重的确定方面易受人为主观性的影响
定量评价	过程模拟法	掌握研究区域基本水文地质条件和污染现状的基础上，利用成熟的污染物迁移转化模型对污染物运移规律进行模拟，然后根据一定的准则划分风险的相对大小	描述影响地下水污染的物理过程、化学过程和生物过程等，但该方法需要大量的监测数据及资料
定量评价	统计方法	利用研究区已有的地下水污染监测资料和发生地下水污染的各种相关信息进行统计分析，主要包括污染物空间分布、时空变化和风险分析	可以客观地筛选出影响地下水污染的主要因素，避免主观性，但该方法未涉及发生污染的基本过程且评价时需要大量的监测资料和相关信息作为基础，应用有限

4.1.4　生态风险评价问题及展望

4.1.4.1　土壤

土壤生态风险评价是预测土壤中污染物对生态系统或其中一部分产生有害影响的可能性的过程，是在风险管理的框架下发展起来的，重点评估人为活动引起的土壤生态系统的不利改变，可为土壤风险管理提供可能引起不良生态效应的信息，为环境决策提供依据。在积累先前经验的同时，不断的实践中也发现了很多问题，也为今后的研究工作重点指明了方向。

（1）单一评价，未能全面、系统反映生态系统风险

生态风险评价是生态评价和风险评价的综合体，生态评价侧重于暴露评价和效应评价，而风险评价侧重于得出风险高低及与其有关的一些风险评价技术的开发和利用。现有的土壤中重金属风险评价主要基于富集因子法、地积累指数法和潜在生态危害指数评价法等单一评价方法，且多使用重金属总量来评价，没有充分考虑对生态产生影响的有效态部分；土壤中重金属的生态风险评价应同时考虑总量和有效态含量，从而能够全面、系统地反映重金属的污染水平和对生态系统的风险。

（2）应着重研究可预测生态环境问题的方法

此前学术界对土壤中污染物的研究主要集中在当下的污染情况，属于"出现问题再解决"的思路，这种类型的研究的优点是方法简便、结论准确，缺点是很难提前预料到将要发生的土壤污染问题。研究生态风险的目的就是提前知晓风险，从而尽可能地规避风险，因此有必要探究能够预测未来土壤状况的方法。很多研究表明污染源活动强度与污染源对土壤中污染物的累积贡献率存在正相关关系，因此可以借助对污染源活动强度的预测来估算未来土壤中污染物的累积浓度和生态风险。此方向的研究还处于起步阶段，还有许多不足与改进空间，比如不同污染源排放模式与土壤污染物累积率之间的关系，土壤中已累积污染物在不同自然条件下的自然降解率等都会影响最后的结果。但是这些都不影响探究未来土壤中污染物情况的研究的现实意义。

4.1.4.2　地下水

地下水污染风险评价是地下水资源保护的重要依据。国内地下水污染风险评价研究刚刚起步，还存在很多问题，而这些不足之处也正是今后的研究工作需要进一步加强的方面。

（1）地下水污染风险的内涵和评价的理论基础有待进一步探讨

目前，研究者对地下水脆弱性、污染风险概念的认识存在差异，尚无明确的被统一接受的定义。评价绝大多数是针对潜水含水层进行的，对承压含水层的研究较少；且只考虑了水质评价，对水量评价较少。在地下水污染风险评价方法方面，参照了国外的研究成果，虽有所改进，但研究程度仍比较低，特别是对其中的地下水功能价值评价研究较少；在评价指标体系建立方面，方法各异，没有一致的标准可供参考。

（2）评价结果主观性较强，缺少验证

地下水污染风险评价多数使用的是基于GIS的叠置指数法，在确定权重时多采用的是专家打分法，因此主观性较强，造成不同的研究者对同一地区评价的结果不一致；且多数地下水污染风险研究项目都没有根据实际监测数据和野外调查结果对评价结果进行验证。应对评价方法进一步深入研究，逐步将评价指标量化，使定性方法与定量方法相结合，才能使评价结果客观合理、符合实际情况。

（3）数据储备较弱，尚未建立技术性文件

数据信息在地下水污染风险评价中十分重要。目前存在的问题是数据来源不同，精度和比例尺也不同，很多地区缺少必要的水文地质资料以及污染源资料，为评价工作的开展带来很大的困难。因此，在数据储备方面，应加强各部门和交叉学科间的交流，尽快建立国内各地区水文地质、地下水污染监测网和化学物质毒理数据库，为地下水污染风险评价工作的开展提供更详实的基础数据。应逐步建立和完善适合我国国情的地下水污染风险评价方法和技术指南等技术文件，以便协助和监督地下水污染风险评价工作的开展。

4.2 健康风险评价

健康风险评价是对人类暴露于某些环境危害因素之后出现不良健康效应的描述，包括在毒理学、流行病学和临床资料等基础上，判断可能的不良健康效应的性质，估计在特定暴露条件下的不良健康效应的类型并推断其严重程度，确定在不同暴露强度和时间条件下对人群产生影响的数量和特征，综合分析所存在的公共卫生问题等，是环境风险评估的重要组成部分。

健康风险评价的对象主要是人类，主要评价污染物对人体健康的危害，针对性更强。健康风险评价的范围可以是具有完整生态系统的区域，也可以是具有特定用途的地块，灵活性较强。健康风险评价的主要工作内容包括分析关注污染物的健康效应（致癌效应和非致癌效应）、确定污染物的毒性参数值。

4.2.1 健康风险评价发展历程

美国、英国等发达国家在工业场地健康风险评价领域起步较早，相关研究成果与结论具有相当的开创性和先进性。早在 20 世纪 30 年代初期，便有学者提出健康风险评价的概念，最初的研究集中在分析场地内污染物的性质特征。从 20 世纪 60 年代开始，研究人员进行低剂量暴露条件下的健康风险研究[58]。作为最先开展风险评价研究的国家，美国至今已构成由法律法规、指导指南和技术支持为一体的较为完整的风险评价体系[59]。1983 年，美国国家科学院（NAS）发布《联邦政府的风险评价：管理程序》（*Risk Assessment in the Federal Government：Managing the Process*），其将健康风险评估的步骤分为 4 个，分别为危害鉴定、剂量–反应评估、暴露评估和风险表征[60]，并规定了各步骤的工作内容和技术要求，由此健康风险评估的框架基本建立；1989 年，美国国家环境保护局（USEPA）颁布了《超级基金分析评估指导：人类健康评价手册》（*Risk Assessment Guidance for Superfund Volume I：Human Health Evaluation Manual*），提出与 NAS 相似的风险评价步骤，包括数据收集、暴露评估、毒性评估和风险表征[61]。经过多年的研究与发展，美国健康风险评价已日趋完备[62]。其指导方法不仅在美国使用，在世界各国也被广泛应用，推动了健康风险评价的理论趋于完善和研究成果的积极发展[63]。

国内引入风险评估的时间较晚。2000 年，姜林完成国内首例地块调查与风险评估项目"北京化工集团七厂及北京市第一建筑构件厂等用地性质改变的环境风险调查与分析"，评估砷和汞的风险并计算修复目标值[64]。2004 年，3 名工人在北京宋家庄地铁站施工时中毒，此次事件开启了北京乃至全国的污染地块调查与风险评估及修复治理工作。同年 6 月，国家环保总局办公厅发布《关于切实做好企业搬迁过程中环境污染防治工作的通知》，其中要求"关闭或破产企业在结束原有生产经营活动，改变原土地使用性质时，必须对原址土地进行调查监测，报环保部门审查，并制定土壤功能修复实施方案。对于已经开发和正在开发的外迁工业区域，要对施工范围内的污染源进行调查，确定清理工作计划和土壤功能恢复实施方案，尽快消除土壤环境污染"。这份文件表明国内正式开始管理污染地块环境。

近年来，我国陆续颁布了一些国家级、地方级和行业级的土壤环境保护技术导则文件。2009 年，北京发布《场地环境评价导则》（DB11/T 656—2009）[65]等标准，指导北京市污染地块调查和风险评估工作，建立国内首个污染地块风险评估技术体系。在北京之后，浙江、上海、重庆等地也相继出台了污染地块风险评估地方标准[66-68]。2014 年，我国在参考 USEPA 健康风险评价模型和美国环境保护综合风险信息系统（IRIS）颁布的毒性参数的基础上，颁布了《污染场地风险评估技术导则》（HJ 25.3—2014）[69]，对国内健康风险评价的具体步骤及相关参数进行了详细阐述与改进。2019 年，在修正了部分污染物毒性与理化参数、推荐参数及计算公式后，生态环境部发布了《建设用地土壤污染风险评估技术导则》（HJ 25.3—2019）[70]，代替《污染场地风险评估技术导则》（HJ 25.3—2014）。

针对污染场地开展的健康风险评估是场地风险管控的重要内容，通过风险评估，可得出目标场地的风险控制限值。该控制限值同时是制定修复技术方案与后期修复管理的重要依据[71-72]。从国内外研究来看，近些年健康风险评价已有了长足的发展，目前国内健康风险评价使用的方法主要是美国国家科学院（NAS）、美国国家环境保护局（USEPA）和我国《建设用地土壤污染风险评估技术导则》（以下简称《导则》）的推荐方法。

4.2.2 健康风险评价原则

4.2.2.1 科学性

基于现有文献资料和科学手段，根据管理需要、评估目的、数据可及性和有效性，科学合理确定评估方案，确保评估过程的系统性、完整性和评估结论的客观性。

4.2.2.2 保守性

风险评估过程中应基于最不利情景假设，对敏感人群或高暴露人群暴露于环境中化学性因素的风险进行保守估计。

4.2.2.3 时效性

应基于可及的最新科学证据开展评估，并随着新的科学认识和科学证据的出现，及时更新评估结果。

4.2.2.4 可溯性

对风险评估的整个过程应进行完整且系统的记录。其中，应特别注意记录评估的制约因素、不确定性和假设及其处理方法、评估中的不同意见和观点、直接影响风险评估结果的重大决策等内容。

4.2.3 健康风险评价方法

场地健康风险评价是在分析污染场地土壤和地下水中污染物通过不同暴露途径进入人体的基础上，定量估算致癌污染物对人体健康产生危害的概率，或非致癌污染物的危害水平与程度（危害商）。主要内容为污染场地风险评估，包括危害识别、暴露评估、毒性评估、风险表征以及土壤和地下水风险控制值的计算。

4.2.3.1 土壤

（1）《导则》健康风险评价方法

土壤污染场地健康风险评价工作内容包括危害识别、暴露评估、毒性评估、风险表征、不确定性分析以及风险控制值的计算。

①危害识别。

危害识别是进行人类健康风险评价的基础。场地危害识别的主要任务是根据初步调查与详细调查、采样和分析获取的资料，通过与企业技术人员交流和收集企业的环评资料、竣工验收资料，结合场地的规划用地性质，鉴定污染场地主要危害物质及潜在范围，确定场地用途，确定关注污染物及其空间分布，识别敏感受体类型，获得场地特征参数，并建立数据质量管理和质量控制目标体系，进一步完善场地概念模型，指导场地污染风险评价。

土地利用方式包括场地物理特征、利用历史；土壤污染状况调查资料包括场地污染状况，主要是场地污染历史和规模情况；与污染物有关的资料包括污染类型、污染物种类、污染物理化性质和毒理学证据等；污染物空间分布；与暴露人群有关的资料包括人群分布、人群结构和人群生活方式等；确定关注污染物，即根据土壤污染状况调查和监测结果，根据未来人群的活动规律和污染物在环境介质中的迁移规律，分析和确定未来人群接触或摄入的污染物量，将这些污染物确定为关注污染物。

②暴露评估。

暴露评估是在危害识别的基础上，分析场地内关注污染物迁移和危害敏感受体的可能性，确定场地土壤污染物的主要暴露途径和暴露评估模型，确定评估模型参数取值，计算敏感人群对土壤中污染物的暴露量。

a. 确定暴露情景。

暴露情景是指特定土地利用方式下，地块污染物经由不同途径迁移和到达受体人群的情况。根据不同土地利用方式下人群的活动模式，通常定义两类典型用地方式下的暴露情景。第一类用地以住宅用地为代表，第二类用地以工业用地为代表。

第一类用地方式下，儿童和成人均可能会长时间暴露于地块污染而产生健康危害。对于致癌效应，考虑人群的终生暴露危害，一般根据儿童期和成人期的暴露来评估污染物的终生致癌风险；对于非致癌效应，儿童体重较轻、暴露量较高，一般根据儿童期暴露来评估污染物的非致癌危害效应。

第二类用地方式下，成人的暴露期长、暴露频率高，一般根据成人期的暴露来评估污染物的致癌效应和非致癌效应。

b. 识别暴露途径、确定暴露模型参数。

《导则》规定了6种土壤污染物主要暴露途径和暴露评估模型，包括经口摄入土壤、皮肤接触土壤、吸入土壤颗粒物、吸入室外空气中来自表层土壤的气态污染物、吸入室外空气中来自下层土壤的气态污染物、吸入室内空气中来自下层土壤的气态污染物共6种土壤污染物暴露途径。

c. 计算暴露量。

第一类用地方式下经口摄入土壤途径暴露量：

针对单一污染物的致癌途径，考虑人群在儿童期和成人期暴露的终生危害，经口摄入土壤途径的土壤暴露量采用如下公式进行计算。

$$OISER_{ca} = \frac{\left(\dfrac{OSIR_c \times ED_c \times EF_c}{BW_c} + \dfrac{OSIR_a \times ED_a \times EF_a}{BW_a} \right) \times ABS_o}{AT_{ca}} \times 10^{-6} \quad （4-24）$$

对于单一污染物的非致癌效应，考虑人群在儿童期暴露受到的危害，经口摄入土壤途径的土壤暴露量采用如下公式计算。

$$OISER_{nc} = \frac{OSIR_c \times ED_c \times EF_c \times ABS_o}{BW_c \times AT_{nc}} \times 10^{-6} \quad （4-25）$$

第一类用地方式下皮肤接触土壤途径暴露量：

对于单一污染物的致癌效应，考虑人群在儿童期和成人期暴露的终生危害，皮肤接触土壤途径土壤暴露量采用以下公式计算。

$$DCSER_{ca} = \frac{SAE_c \times SSAR_c \times EF_c \times ED_c \times E_v \times ABS_d}{BW_c \times AT_{ca}} \times 10^{-6}$$

$$+ \frac{SAE_a \times SSAR_a \times EF_a \times ED_a \times E_v \times ABS_d}{BW_a \times AT_{ca}} \times 10^{-6} \quad （4-26）$$

SAE_c 和 SAE_a 的参数值分别采用如下公式计算。

$$SAE_c = 239 \times H_c^{0.417} \times BW_c^{0.517} \times SER_c \quad （4-27）$$

$$SAE_a = 239 \times H_a^{0.417} \times BW_a^{0.517} \times SER_a \quad （4-28）$$

对于单一污染物的非致癌效应，考虑人群在儿童期暴露受到的危害，皮肤接触土壤途径对应的土壤暴露量采用如下公式计算。

$$DCSER_{nc} = \frac{SAE_c \times SSAR_c \times EF_c \times ED_c \times E_v \times ABS_d}{BW_c \times AT_{nc}} \times 10^{-6} \quad (4-29)$$

第一类用地方式下吸入土壤颗粒物途径暴露量：

对于单一污染物的致癌效应，考虑人群在儿童期和成人期暴露的终生危害，吸入土壤颗粒物途径对应的土壤暴露量采用如下公式计算。

$$PISER_{ca} = \frac{PM_{10} \times DAIR_c \times ED_c \times PIAF \times (fspo \times EFO_c + fspi \times EFI_c)}{BW_c \times AT_{ca}} \times 10^{-6}$$

$$+ \frac{PM_{10} \times DAIR_a \times ED_a \times PIAF \times (fspo \times EFO_a + fspi \times EFI_a)}{BW_a \times AT_{ca}} \times 10^{-6} \quad (4-30)$$

对于单一污染物的非致癌效应，考虑人群在儿童期暴露受到的危害，吸入土壤颗粒物途径对应的土壤暴露量采用如下公式计算。

$$PISER_{nc} = \frac{PM_{10} \times DAIR_c \times ED_c \times PIAF \times (fspo \times EDO_c + fspi \times EDI_c)}{BW_c \times AT_{nc}} \times 10^{-6} \quad (4-31)$$

第一类用地方式下吸入室外空气中来自表层土壤的气态污染物途径暴露量：

对于单一污染物的致癌效应，考虑人群在儿童期和成人期暴露的终生危害，吸入室外空气中来自表层土壤的气态污染物途径对应的土壤暴露量采用如下公式计算。

$$IOVER_{cal} = VF_{suroa} \times \left(\frac{DAIR_c \times EF_c \times ED_c}{BW_c \times AT_{ca}} + \frac{DAIR_a \times EF_a \times ED_a}{BW_a \times AT_{ca}} \right) \quad (4-32)$$

VF_{suroa} 的计算方法有两种，分别如下。

$$VF_{suroa1} = \frac{\rho_b}{DF_{oa}} \times \sqrt{\frac{4 \times D_s^{eff} \times H'}{\pi \times \tau \times 31\,536\,000 \times K_{sw} \times \rho_b}} \times 10^3 \quad (4-33)$$

$$VF_{suroa2} = \frac{d \times \rho_b}{DF_{oa} \times \tau \times 31\,536\,000} \times 10^3 \quad (4-34)$$

$$VF_{suroa} = MIN(VF_{suroa1}, VF_{suroa2}) \quad (4-35)$$

对于单一污染物的非致癌效应，考虑人群在儿童期暴露受到的危害，吸入室外空气中来自表层土壤的气态污染物途径对应的土壤暴露量采用如下公式计算。

$$\text{IOVER}_{ncl} = \text{VF}_{suroa} \times \frac{\text{DAIR}_c \times \text{EFO}_c \times \text{ED}_c}{\text{BW}_c \times \text{AT}_{nc}} \tag{4-36}$$

第一类用地方式下吸入室外空气中来自下层土壤的气态污染物途径暴露量：

对于单一污染物的致癌效应，考虑人群在儿童期和成人期暴露的终生危害，吸入室外空气中来自下层土壤的气态污染物途径对应的土壤暴露量采用如下公式计算。

$$\text{IOVER}_{ca2} = \text{VF}_{suboa} \times \left(\frac{\text{DAIR}_c \times \text{EFO}_c \times \text{ED}_c}{\text{BW}_c \times \text{AT}_{ca}} + \frac{\text{DAIR}_a \times \text{EFO}_a \times \text{ED}_a}{\text{BW}_a \times \text{AT}_{ca}} \right) \tag{4-37}$$

对于单一污染物的非致癌效应，考虑人群在儿童期暴露受到的危害，吸入室外空气中来自下层土壤的气态污染物途径对应的土壤暴露量采用如下公式计算。

$$\text{IOVER}_{nc2} = \text{VF}_{suboa} \times \frac{\text{DAIR}_c \times \text{EFO}_c \times \text{ED}_c}{\text{BW}_c \times \text{AT}_{nc}} \tag{4-38}$$

第一类用地方式下吸入室内空气中来自下层土壤的气态污染物途径暴露量：

对于单一污染物的致癌效应，考虑人群在儿童期和成人期暴露的终生危害，吸入室内空气中来自下层土壤的气态污染物途径对应的土壤暴露量采用如下公式计算。

$$\text{IIVER}_{cal} = \text{VF}_{subia} \times \left(\frac{\text{DAIR}_c \times \text{EFO}_c \times \text{ED}_c}{\text{BW}_c \times \text{AT}_{ca}} + \frac{\text{DAIR}_a \times \text{EFO}_a \times \text{ED}_a}{\text{BW}_a \times \text{AT}_{ca}} \right) \tag{4-39}$$

对于单一污染物的非致癌效应，考虑人群在儿童期暴露受到的危害，吸入室内空气中来自下层土壤的气态污染物途径对应的土壤暴露量采用如下公式计算。

$$\text{IIVER}_{ncl} = \text{VF}_{subia} \times \frac{\text{DAIR}_c \times \text{EFI}_c \times \text{ED}_c}{\text{BW}_c \times \text{AT}_{nc}} \tag{4-40}$$

第二类用地方式下经口摄入土壤途径暴露量：

对于单一污染物的致癌途径，考虑人群在成人期暴露的终生危害，经口摄入土壤途径对应的土壤暴露量采用如下公式进行计算。

$$\text{OISER}_{ca} = \frac{\text{OISER}_a \times \text{ED}_a \times \text{EF}_a \times \text{ABS}_o}{\text{BW}_a \times \text{AT}_{ca}} \times 10^{-6} \tag{4-41}$$

对于单一污染物的非致癌效应，考虑人群在成人期的暴露危害，经口摄入土壤途径对应的土壤暴露量采用如下公式计算。

$$\mathrm{OISER}_{nc} = \frac{\mathrm{OISER}_a \times \mathrm{ED}_a \times \mathrm{EF}_a \times \mathrm{ABS}_o}{\mathrm{BW}_a \times \mathrm{AT}_{nc}} \times 10^{-6} \quad (4\text{-}42)$$

第二类用地方式下皮肤接触土壤途径暴露量：

对于单一污染物的致癌效应，考虑人群在成人期暴露的终生危害。皮肤接触土壤途径的土壤暴露量采用如下公式计算。

$$\mathrm{DCSER}_{ca} = \frac{\mathrm{SAE}_a \times \mathrm{SSAR}_a \times \mathrm{EF}_a \times \mathrm{ED}_a \times E_v \times \mathrm{ABS}_d}{\mathrm{BW}_a \times \mathrm{AT}_{ca}} \times 10^{-6} \quad (4\text{-}43)$$

对于单一污染物的非致癌效应，考虑人群在成人期的暴露危害，皮肤接触土壤途径对应的土壤暴露量采用如下公式计算。

$$\mathrm{DCSER}_{nc} = \frac{\mathrm{SAE}_a \times \mathrm{SSAR}_a \times \mathrm{EF}_a \times \mathrm{ED}_a \times E_v \times \mathrm{ABS}_d}{\mathrm{BW}_a \times \mathrm{AT}_{nc}} \times 10^{-6} \quad (4\text{-}44)$$

第二类用地方式下吸入土壤颗粒物途径暴露量：

对于单一污染物的致癌效应，考虑人群在成人期暴露的终生危害，吸入土壤颗粒物途径对应的土壤暴露量采用如下公式计算。

$$\mathrm{PISER}_{ca} = \frac{\mathrm{PM}_{10} \times \mathrm{DAIR}_a \times \mathrm{ED}_a \times \mathrm{PIAF} \times \left(\mathrm{fspo} \times \mathrm{EFO}_a + \mathrm{fspi} \times \mathrm{EFI}_a\right)}{\mathrm{BW}_a \times \mathrm{AT}_{ca}} \times 10^{-6} \quad (4\text{-}45)$$

对于单一污染物的非致癌效应，考虑人群在成人期的暴露危害，吸入土壤颗粒物途径对应的土壤暴露量采用如下公式计算。

$$\mathrm{PISER}_{nc} = \frac{\mathrm{PM}_{10} \times \mathrm{DAIR}_a \times \mathrm{ED}_a \times \mathrm{PIAF} \times \left(\mathrm{fspo} \times \mathrm{EFO}_a + \mathrm{fspi} \times \mathrm{EFI}_a\right)}{\mathrm{BW}_a \times \mathrm{AT}_{nc}} \times 10^{-6} \quad (4\text{-}46)$$

第二类用地方式下吸入室外空气中来自表层土壤的气态污染物途径暴露量：

对于单一污染物的致癌效应，考虑人群在成人期暴露的终生危害，吸入室外空气中来自表层土壤的气态污染物对应的土壤暴露量采用如下公式计算。

$$\mathrm{IOVER}_{cal} = \mathrm{VF}_{suroa} \times \frac{\mathrm{DAIR}_a \times \mathrm{EFO}_a \times \mathrm{ED}_a}{\mathrm{BW}_a \times \mathrm{AT}_{ca}} \quad (4\text{-}47)$$

对于单一污染物的非致癌效应，考虑人群在成人期的暴露危害，吸入室外空气中来自表层土壤的气态污染物对应的土壤暴露量采用如下公式计算。

$$\mathrm{IOVER}_{ncl} = \mathrm{VF}_{suroa} \times \frac{\mathrm{DAIR}_a \times \mathrm{EFO}_a \times \mathrm{ED}_a}{\mathrm{BW}_a \times \mathrm{AT}_{nc}} \quad (4\text{-}48)$$

第二类用地方式下吸入室外空气中来自下层土壤的气态污染物途径暴露量：

对于单一污染物的致癌效应，考虑人群在成人期暴露的终生危害，吸入室外空气中来自下层土壤的气态污染物对应的土壤暴露量采用如下公式计算。

$$IOVER_{ca2} = VF_{suboa} \times \frac{DAIR_a \times EFO_a \times ED_a}{BW_a \times AT_{ca}} \tag{4-49}$$

对于单一污染物的非致癌效应，考虑人群在成人期的暴露危害，吸入室外空气中来自下层土壤的气态污染物对应的土壤暴露量采用如下公式计算。

$$IOVER_{nc2} = VF_{suboa} \times \frac{DAIR_a \times EFO_a \times ED_a}{BW_a \times AT_{nc}} \tag{4-50}$$

第二类用地方式下吸入室内空气中来自下层土壤的气态污染物途径暴露量：

对于单一污染物的致癌效应，考虑人群在成人期暴露的终生危害，吸入室内空气中来自下层土壤的气态污染物对应的土壤暴露量采用如下公式计算。

$$IIVER_{ca1} = VF_{subia} \times \frac{DAIR_a \times EFI_a \times ED_a}{BW_a \times AT_{ca}} \tag{4-51}$$

对于单一污染物的非致癌效应，考虑人群在成人期的暴露危害，吸入室内空气中来自下层土壤的气态污染物对应的土壤暴露量采用如下公式计算。

$$IIVER_{nc1} = VF_{subia} \times \frac{DAIR_a \times EFI_a \times ED_a}{BW_a \times AT_{nc}} \tag{4-52}$$

土壤6种途径暴露量计算公式的参数及推荐值见表4-11。

表4-11 土壤6种途径暴露量计算公式的参数及推荐值

参数	参数说明	第一类用地推荐值	第二类用地推荐值
$OISER_{ca}$	经口摄入土壤暴露量（致癌效应），kg/（kg·d）	—	—
$OISER_{nc}$	经口摄入土壤暴露量（非致癌效应），kg/（kg·d）	—	—
$DCSER_{ca}$	皮肤接触途径的土壤暴露量（致癌效应），kg/（kg·d）	—	—
SAE_c	儿童暴露皮肤表面积，cm^2	—	—
SAE_a	成人暴露皮肤表面积，cm^2	—	—
$DCSER_{nc}$	皮肤接触的土壤暴露量（非致癌效应），kg/（kg·d）	—	—
$PISER_{ca}$	吸入土壤颗粒物的土壤暴露量（致癌效应），kg/（kg·d）	—	—
$PISER_{nc}$	吸入土壤颗粒物的土壤暴露量（非致癌效应），kg/（kg·d）	—	—

参数	参数说明	第一类用地推荐值	第二类用地推荐值
$IOVER_{ca1}$	吸入室外空气中来自表层土壤的气态污染物对应的土壤暴露量（致癌效应），kg/（kg·d）	—	—
VF_{suroa1}	表层土壤中污染物扩散进入室外空气的挥发因子（算法一），kg/m^3	—	—
VF_{suroa2}	表层土壤中污染物扩散进入室外空气的挥发因子（算法二），kg/m^3	—	—
K_{sw}	土壤-水中污染物分配系数，cm^3/g	—	—
DF_{oa}	室外空气中气态污染物扩散因子，cm/s	—	—
$IOVER_{nc1}$	吸入室外空气中来自表层土壤的气态污染物对应的土壤暴露量（非致癌效应），kg/（kg·d）	—	—
$IOVER_{ca2}$	吸入室外空气中来自下层土壤的气态污染物对应的土壤暴露量（致癌效应），kg/（kg·d）	—	—
$IOVER_{nc2}$	吸入室外空气中来自下层土壤的气态污染物对应的土壤暴露量（非致癌效应），kg/（kg·d）	—	—
$IIVER_{ca1}$	吸入室内空气中来自下层土壤的气态污染物对应的土壤暴露量（致癌效应），kg/（kg·d）	—	—
VF_{subia}	下层土壤中污染物扩散进入室内空气的挥发因子，kg/m^3	—	—
$IIVER_{nc1}$	吸入室内空气中来自下层土壤的气态污染物对应的土壤暴露量（非致癌效应），kg/（kg·d）	—	—
$OSIR_c$	儿童每日摄入土壤量，mg/d	200	—
$OSIR_a$	成人每日摄入土壤量，mg/d	100	100
ED_c	儿童暴露期，a	6	—
ED_a	成人暴露期，a	24	25
EF_c	儿童暴露频率，d/a	350	—
EF_a	成人暴露频率，d/a	350	250
BW_c	儿童体重，kg	19.2	—
BW_a	成人体重，kg	61.8	61.8
ABS_o	经口摄入吸收效率因子，量纲一	1	1
AT_{ca}	致癌效应平均时间，d	27 740	27 740
AT_{nc}	非致癌效应平均时间，d	2 190	9 125
$SSAR_c$	儿童皮肤表面土壤黏附系数，mg/cm^2	0.2	—
$SSAR_a$	成人皮肤表面土壤黏附系数，mg/cm^2	0.07	0.2

续表

参数	参数说明	第一类用地推荐值	第二类用地推荐值
ABS_d	皮肤接触吸收效率因子，量纲一	参照毒性参数	参照毒性参数
E_v	每日皮肤接触事件频率，次/d	1	1
H_c	儿童平均身高，cm	113.15	—
H_a	成人平均身高，cm	161.5	161.5
SER_c	儿童暴露皮肤所占面积比，量纲一	0.36	—
SER_a	成人暴露皮肤所占面积比，量纲一	0.32	0.18
PM_{10}	空气中可吸入颗粒物含量，mg/m³	0.119	0.119
$DAIR_a$	成人每日空气呼吸量，m³/d	14.5	14.5
$DAIR_c$	儿童每日空气呼吸量，m³/d	7.5	—
$PIAF$	吸入土壤颗粒在体内滞留比例，量纲一	0.75	0.75
$fspi$	室内空气中来自土壤的颗粒物所占比例，量纲一	0.8	0.8
$fspo$	室外空气中来自土壤的颗粒物所占比例，量纲一	0.5	0.5
EFI_a	成人的室内暴露频率，d/a	262.5	187.5
EFI_c	儿童的室内暴露频率，d/a	262.5	—
EFO_a	成人的室外暴露频率，d/a	87.5	62.5
EFO_c	儿童的室外暴露频率，d/a	87.5	—
VF_{suroa}	表层土壤中污染物扩散进入室外空气的挥发因子，kg/m³	算法一和算法二中较小值	算法一和算法二中较小值
τ	气态污染物入侵持续时间，a	30	25
d	表层污染土壤层厚度，cm	根据地块调查获得参数值	根据地块调查获得参数值
31 536 000	时间单位转换系数，31 536 000 s/a	—	—
D_s^{eff}	土壤中气态污染物的有效扩散系数，cm²/s	—	—
H'	无量纲亨利常数，量纲一	—	—
ρ_b	土壤容重，kg/dm³	1.5	1.5

③毒性评估。

在危害识别的基础上，分析关注污染物对人体健康的危害效应，包括致癌效应和非致癌效应，确定与关注污染物相关的参数，包括参考剂量、参考浓度、致癌斜率因子和呼吸吸入单位致癌因子等。

毒性评估确定的污染物对人体产生的不良效应以剂量－效应关系表示。对于非致癌物质（如具有神经毒性、免疫毒性和发育毒性等的物质），通常认为存在阈值现象，即低于阈值就不会产生可观察到的不良效应。对于致癌和致突变物质，一般认为无阈值现象，即任意剂量的暴露均可能产生负面健康效应。

a.非致癌物质毒性效应评估。

对于非致癌物质，假定其在高浓度条件下都会产生不良的健康效应；然而，当剂量非常低时，不存在或观察不到典型的不良效应。因此，定性化学物质的非致癌效应时，关键参数是阈值剂量。阈值指在此剂量下不良的效应开始出现。低于阈值剂量被认为是安全的，而高于阈值剂量可能会导致不良的健康效应。通常根据对动物或/和人的研究得到的毒理学数据推断化学物质的阈值剂量。首先确定在特定的暴露时间内未产生可观测的不良效应的最高剂量（no observed adverse effect level，NOAEL）和产生可观测到的不良效应的最低剂量（lowest observed adverse effect level，LOAEL）。为了确保人体健康，非致癌风险的评估不是直接建立在阈值暴露水平基础上的，而是建立在参考剂量（reference dose，RD）或参考浓度（reference concentration，RfC）基础上的。参考剂量或参考浓度是未引起包括敏感个体在内的有害效应的估算量。

参考剂量或参考浓度等于 NOAEL（如果没有 NOAEL 值，则采用 LOAEL 值）除以不确定因子：

$$RfD(RfC) = \frac{NOAEL}{UF} \qquad (4-53)$$

上述方程中，RfD(RfC) 为参考剂量（参考浓度）；NOAEL 为未观测到的不良效应的最高剂量；UF 为不确定因子（UF=$F_1 \cdot F_2 \cdot F_3 \cdot$ MF）。F_1 为种间不确定性，F_1 在 1～10；从动物实验外推到人时，F_1=10。F_2 为种内不确定性，F_2 在 1～10；用于补偿人群中的不同敏感性时，F_2=10。F_3 为毒性不确定系数，F_3 在 1～10；如果 NOAEL 不是从慢性实验中获得的，F_3=10。MF 是资料完整性不确定系数，MF 在 1～10；只有一种种属动物的实验结果时，MF=10。NOAEL 或 LOAEL 除以不确定因子的目的是确保参考剂量不高于不良效应的阈值水平。因此，小于或等于参考剂量没有不良效应的风险，而高于参考剂量并不意味一定产生不良效应。非致癌物质毒性效应根据时间尺度分为：①急性效应（暴露时间＜24 h）；②短期效应（24 h 至 30 d）；③长期效应（30 d 至预期寿命的 10%）；④慢性效应（＞预期寿命的 10%）。通常，参考剂量和参考浓度在没有特殊指明的情况下是指慢性参考剂量和参考浓度。

b. 致癌物质的效应评估。

致癌效应的剂量－反应关系是以各种关于剂量和反应的定量研究为基础建立的，如动物实验学实验数据、临床学和流行病学统计资料等。由于人体在实际环境中的暴露水平通常较低，而实验学或流行病学研究中的剂量相对较高，因此，在估计人体实际暴露情形下的剂量－反应关系时，常利用实验获取的剂量－反应关系数据推测低剂量条件下的剂量－反应关系，称为低剂量外推法。实验数据剂量－反应关系的建立常常采用毒性动力学方法或经验模型。如果有充分的证据确定受试物的作用模式，可较准确描述肿瘤出现前各种症候发生的速率和顺序（即毒性效应发生的生物过程）时，可采用毒性动力学方法。经验模型指对各种剂量下的肿瘤发生率或主要症候出现率进行曲线拟合，是一种统计学方法。当建立了实验数据的剂量－反应关系曲线后，即可确定出发点，采用低剂量外推法推测低剂量条件下的剂量－反应关系。低剂量外推法包括线性和非线性两种模型。模型的选择主要基于污染物的作用模式。当作用模式信息显示低于出发点剂量的剂量－反应曲线可能为线性时，选择线性模型。如污染物为 DNA 作用物或具有直接的诱导突变作用，其剂量－反应曲线常常为线性。当证据不充分，对污染物的作用模式不确定时，线性模型为默认模型。当充分的证据表明污染物的作用模式为非线性，且证实该物质不具有诱导突变作用时，可采用非线性模型。由于某些物质同时对不同的器官具有致癌作用，则可根据作用模式的不同，分别采用线性模型和非线性模型。此外，当有证据证实在不同的剂量区间内，污染物对同一器官的作用模式分别为线性和非线性时，可以结合使用线性模型和非线性模型。线性模型直观表示为连接原点和出发点的直线，其斜率因子（slope factor，SF）表示不同剂量水平的风险上限，可用于估计各种剂量下的风险概率。非线性外推可用于计算参考剂量或参考浓度。为了补偿外推过程导致的不确定性，使用斜率的 95% 置信上限作为斜率因子。也就是有95% 的概率，癌症正在发生的概率小于癌症斜率因子，这种方法确保癌症风险评估中的边际安全。

c. 毒性参数的确定。

健康风险评估中采用的毒性参数见表 4-12。

表 4-12　污染物毒性参数

CAS 编号	化合物	经口摄入吸收致癌斜率因子（SF_o）/（kg·d/mg）	呼吸吸入吸收致癌斜率因子（SF_i）/（kg·d/mg）	皮肤接触吸收致癌斜率因子（SF_d）/（kg·d/mg）	经口摄入吸收参考剂量（RfD_o）/（kg·d/mg）	呼吸吸入吸收参考剂量（RfD_i）/（kg·d/mg）	皮肤接触吸收参考剂量（RfD_d）/（kg·d/mg）	呼吸吸入吸收参考浓度（RfC）/（mg/m³）	呼吸吸入吸收单位致癌因子（IUR）/（m³/mg）	皮肤接触吸收效率因子（ABS_d）	消化道吸收效率因子（ABS_{gi}）
1. 无机污染物											
7440-43-9	镉	0.38	—	0.38	1.00×10^{-3}	1.00×10^{-3}	1.00×10^{-5}		1.80	1.00×10^{-3}	2.50×10^{-2}
7439-97-6	汞	—	—	—	3.00×10^{-4}	8.57×10^{-5}	2.10×10^{-5}			1.00×10^{-3}	7.00×10^{-2}
7440-38-2	砷	1.50	—	1.50	3.00×10^{-4}	8.60×10^{-6}	1.23×10^{-4}		4.3	3.00×10^{-2}	1.00
7440-47-3	总铬	—	—	—	3.00×10^{-3}	2.90×10^{-5}	1.50		12.00	1.00×10^{-3}	1.30×10^{-2}
18540-29-9	六价铬	42.00	0.90	42.00	3.00×10^{-3}		3.00×10^{-3}	8.00×10^{-6}	12.00	1.00×10^{-3}	2.50×10^{-2}
7440-02-0	镍	—	—	—	2.00×10^{-2}	2.60×10^{-5}	5.40×10^{-3}		0.24	1.00×10^{-3}	4.00×10^{-2}
7440-66-6	锌	—	—	—	0.30	0.30	6.00×10^{-2}			1.00×10^{-3}	1.00
7782-49-2	硒	—	—	—	5.00×10^{-3}	5.70×10^{-5}	2.20×10^{-3}			1.00×10^{-3}	1.00
7440-62-2	钒	—	—	—	7.00×10^{-3}	1.40×10^{-5}	7.00×10^{-5}			1.00×10^{-3}	1.00
7440-36-0	锑	—	—	—	4.00×10^{-4}	1.40×10^{-5}	8.00×10^{-6}			1.00×10^{-3}	0.15
57-12-5	氰化物	—	—	—	2.00×10^{-2}	1.40×10^{-3}	3.40×10^{-3}			1.00×10^{-2}	1.00
2. 挥发性有机污染物											
67-64-1	丙酮	—	—	—	0.90	0.90	0.90			1.00×10^{-2}	1.00
71-43-2	苯	5.50×10^{-2}	2.73×10^{-2}	5.67×10^{-2}	4.00×10^{-3}		4.00×10^{-3}	3.00×10^{-2}	7.80×10^{-3}	1.00×10^{-2}	1.00
108-88-3	甲苯	—	—	—	8.00×10^{-2}		8.00×10^{-2}	5.00		1.00×10^{-2}	1.00

续表

CAS编号	化合物	经口摄入致癌吸收斜率因子 (SF_o) / $(kg\cdot d/mg)$	呼吸吸入致癌吸收斜率因子 (SF_i) / $(kg\cdot d/mg)$	皮肤接触吸收致癌斜率因子 (SF_d) / $(kg\cdot d/mg)$	经口摄入吸收参考剂量 (RfD_o) / $(kg\cdot d/mg)$	呼吸吸入吸收参考剂量 (RfD_i) / $(kg\cdot d/mg)$	皮肤接触吸收参考剂量 (RfD_d) / $(kg\cdot d/mg)$	呼吸吸入吸收参考浓度 (RfC) / (mg/m^3)	呼吸吸入单位吸收致癌因子 (IUR) / (m^3/mg)	皮肤接触吸收效率因子 (ABS_d)	消化道吸收效率因子 (ABS_{gi})
100-41-4	乙苯	—	—	—	0.10		0.10	1.00	1.10×10^{-3}	1.00×10^{-2}	1.00
106-46-7	1,4-二氯苯	2.40×10^{-2}	2.20×10^{-2}	2.67×10^{-2}	0.23		0.23	0.80		1.00×10^{-2}	1.00
67-66-3	氯仿	3.10×10^{-2}		3.10×10^{-2}	1.00×10^{-2}	1.40×10^{-2}	1.00×10^{-2}		2.30×10^{-2}	1.00×10^{-2}	1.00
56-23-5	四氯化碳	0.13		0.20	7.00×10^{-4}	1.10×10^{-2}	7.00×10^{-2}		1.50×10^{-2}	1.00×10^{-2}	1.00
75-34-3	1,1-二氯乙烷	5.70×10^{-3}	5.60×10^{-3}	5.70×10^{-3}	0.10		0.10	0.50		1.00×10^{-2}	1.00
107-06-2	1,2-二氯乙烷	9.10×10^{-2}		9.10×10^{-2}	2.00×10^{-2}	1.40×10^{-3}	2.00×10^{-2}		2.60×10^{-2}	1.00×10^{-2}	1.00
71-55-6	1,1,1-三氯乙烷	—	—	—	0.20		0.18	2.20			1.00
79-00-5	1,1,2-三氯乙烷	5.70×10^{-2}	—	7.04×10^{-2}	4.00×10^{-3}	4.00×10^{-3}	4.00×10^{-3}		1.60×10^{-2}	1.00×10^{-2}	1.00
75-1-4	氯乙烯	1.50	—	1.50	3.00×10^{-3}		3.00×10^{-3}	0.10	4.40×10^{-3}	1.00×10^{-2}	1.00
75-35-4	1,1-二氯乙烯	—	—	—	5.00×10^{-2}		5.00×10^{-2}	0.20	5.00×10^{-2}	1.00×10^{-2}	1.00
156-59-2	1,2-二氯乙烯(顺)	—						6.00×10^{-2}			1.00
156-60-5	1,2-二氯乙烯(反)	—	—	—	2.00×10^{-2}		2.00×10^{-2}			1.00×10^{-2}	1.00

续表

CAS编号	化合物	经口摄入吸收致癌因子 (SF$_o$) / (kg·d/mg)	呼吸吸入吸收致癌斜率因子 (SF$_i$) / (kg·d/mg)	皮肤接触吸收致癌斜率因子 (SF$_d$) / (kg·d/mg)	经口摄入吸收参考剂量 (RfD$_o$) / (kg·d/mg)	呼吸吸入吸收参考剂量 (RfD$_i$) / (kg·d/mg)	皮肤接触吸收参考剂量 (RfD$_d$) / (kg·d/mg)	呼吸吸入吸收参考浓度 (RfC) / (mg/m³)	呼吸吸入吸收单位致癌因子 (IUR) / (m³/mg)	皮肤接触吸收效率因子 (ABS$_d$)	消化道吸收效率因子 (ABS$_{gi}$)
79-01-6	三氯乙烯	0.40	0.39	2.67	3.00×10^{-4}		0.17	4.00×10^{-2}	0.11	1.00×10^{-2}	1.00
127-18-4	四氯乙烯	0.54		0.54	1.00×10^{-2}		1.00×10^{-2}	0.60	5.90×10^{-3}	1.00×10^{-2}	1.00
3. 多环芳烃类有机污染物											
56-55-3	苯并（a）蒽	0.73	0.39	2.35	2.00×10^{-4}	7.00×10^{-7}	—			0.13	1.00
50-32-8	苯并（a）芘	7.30	3.90	23.50	2.00×10^{-5}	7.00×10^{-8}	—			0.13	1.00
205-99-2	苯并（b）荧蒽	0.73	3.90	2.35	2.00×10^{-4}	7.00×10^{-7}	—			0.13	1.00
207-08-9	苯并（k）荧蒽	7.30×10^{-2}	0.39	0.24	2.00×10^{-3}	7.00×10^{-6}	—			0.13	1.00
53-70-3	二苯并（a,h）蒽	7.30	4.10	23.5	2.00×10^{-5}	7.00×10^{-8}	—			0.13	1.00
193-39-5	茚并（1,2,3-cd）芘	1.20	39.00	2.35	2.00×10^{-5}	7.00×10^{-7}	—			0.13	1.00
218-01-9	䓛	7.30×10^{-3}	3.90×10^{-2}	2.35×10^{-2}	2.00×10^{-2}	7.00×10^{-5}	—			0.13	1.00
91-20-3	萘	0.12	0.12	1.20	2.00×10^{-2}		2.00×10^{-2}	3.00×10^{-3}		0.13	1.00

续表

CAS 编号	化合物	经口摄入致癌吸收斜率因子 (SF_o) / (kg·d/mg)	呼吸吸入致癌吸收斜率因子 (SF_i) / (kg·d/mg)	皮肤接触吸收致癌斜率因子 (SF_d) / (kg·d/mg)	经口摄入参考吸收剂量 (RfD_o) / (kg·d/mg)	呼吸吸入参考吸收剂量 (RfD_i) / (kg·d/mg)	皮肤接触吸收参考剂量 (RfD_d) / (kg·d/mg)	呼吸吸入吸收参考浓度 (RfC) / (mg/m³)	呼吸吸入吸收单位致癌因子 (IUR) / (m³/mg)	皮肤接触吸收效率因子 (ABS_d)	消化道吸收效率因子 (ABS_gi)
83-32-9	苊	—	—	—	6.00×10^{-2}	6.00×10^{-2}	1.86×10^{-2}			0.13	1.00
120-12-7	蒽	—	—	—	0.30	0.30	0.23			0.13	1.00
206-44-0	荧蒽	—	—	—	4.00×10^{-2}	4.00×10^{-2}	1.24×10^{-2}			0.13	1.00
86-73-7	芴	—	—	—	4.00×10^{-2}	4.00×10^{-2}	2.00×10^{-2}			0.13	1.00
129-00-0	芘	—	—	—	3.00×10^{-2}	3.00×10^{-2}	9.30×10^{-3}			0.13	1.00
4. 持久性有机污染物与化学农药											
57-74-9	氯丹	0.35	0.35	0.70	5.00×10^{-4}		5.00×10^{-4}	7.00×10^{-4}	0.10	4.00×10^{-2}	1.00
76-44-8	七氯	4.50	—	6.25	5.00×10^{-4}	5.00×10^{-4}	5.00×10^{-4}		1.30	0.10	1.00
8001-35-2	毒杀芬	1.10	—	2.20	—	—	—		0.32	0.10	1.00
50-29-3	滴滴涕	0.34	—	0.49	5.00×10^{-4}	5.00×10^{-4}	5.00×10^{-4}		9.70×10^{-2}	0.10	1.00
118-74-1	六氯苯	1.60	—	3.20	8.00×10^{-4}	8.00×10^{-4}	8.00×10^{-4}		0.46	0.10	1.00
319-84-6	α-六六六	6.30	—	6.30	5.00×10^{-4}	5.00×10^{-4}	5.00×10^{-4}		1.80	0.10	1.00
319-85-	β-六六六	1.80	—	1.98	2.00×10^{-4}	2.00×10^{-4}	2.00×10^{-4}		0.53	0.10	1.00
58-89-9	γ-六六六	1.30	1.80	1.34	3.00×10^{-4}	3.00×10^{-4}	3.00×10^{-4}			0.10	1.00

续表

CAS 编号	化合物	经口摄入吸收致癌斜率因子 (SF_o) / $(kg \cdot d/mg)$	呼吸吸入吸收致癌斜率因子 (SF_i) / $(kg \cdot d/mg)$	皮肤接触吸收致癌斜率因子 (SF_d) / $(kg \cdot d/mg)$	经口摄入吸收参考剂量 (RfD_o) / $(kg \cdot d/mg)$	呼吸吸入吸收参考剂量 (RfD_i) / $(kg \cdot d/mg)$	皮肤接触吸收参考剂量 (RfD_d) / $(kg \cdot d/mg)$	呼吸吸入吸收参考浓度 (RfC) / (mg/m^3)	呼吸吸入吸收单位致癌因子 (IUR) / (m^3/mg)	皮肤接触吸收效率因子 (ABS_d)	消化道吸收效率因子 (ABS_{gi})
5. 其他											
84-66-2	邻苯二甲酸二乙酯 (DEP)				0.80	0.80	0.80			0.10	1.00
84-74-2	邻苯二甲酸二正丁酯 (DnBP)	—	—	—	0.10	0.10	0.10			0.10	1.00
117-84-0	邻苯二甲酸二正辛酯 (DnOP)	—	—	—	2.00×10^{-2}	2.00×10^{-2}	2.00×10^{-2}			0.10	1.00
117-81-7	邻苯二甲酸双2-乙基己酯 (DEHP)	1.40×10^{-2}	1.40×10^{-2}	7.37×10^{-2}	2.00×10^{-2}	2.00×10^{-2}	4.00×10^{-2}			0.10	1.00
85-68-7	邻苯二甲酸丁基苄基酯 (BBP)	—	—	—	0.20	0.20	0.20			0.10	1.00
91-94-1	3,3-二氯联苯胺	0.45	1.20	0.90	—	—	—			0.10	1.00

呼吸吸入致癌斜率因子（SF_i）和呼吸吸入参考剂量（RfD_i）分别采用以下公式进行计算。

$$SF_i = \frac{IUR \times BW_a}{DAIR_a} \qquad (4\text{-}54)$$

$$RfD_i = \frac{RfC \times DAIR_a}{BW_a} \qquad (4\text{-}55)$$

式中：SF_i——呼吸吸入致癌斜率因子，$kg \cdot d/mg$；

RfD_i——呼吸吸入参考剂量，$mg/(kg \cdot d)$；

IUR——呼吸吸入单位致癌因子，m^3/mg；

RfC——呼吸吸入参考浓度，mg/m^3；

$DAIR_a$——成人每日空气呼吸量，m^3/d；

BW_a——成人体重，kg。

皮肤接触致癌斜率系数和参考剂量分别采用以下公式进行计算。

$$SF_d = \frac{SF_o}{ABS_{gi}} \qquad (4\text{-}56)$$

$$RfD_d = RfD_o \times ABS_{gi} \qquad (4\text{-}57)$$

式中：SF_d——皮肤接触致癌斜率因子，$kg \cdot d/mg$；

SF_o——经口摄入致癌斜率因子，$kg \cdot d/mg$；

RfD_o——经口摄入参考剂量，$mg/(kg \cdot d)$；

RfD_d——皮肤接触参考剂量，$mg/(kg \cdot d)$；

ABS_{gi}——消化道吸收效率因子，量纲一。

④风险表征。

风险表征是指在暴露评估和毒性评估的基础上估算可能产生的健康危害强度或某种健康效应的发生概率，并对其可信度或不确定性加以分析，为环境管理者提供风险管理的科学依据。采用风险评估模型计算土壤中单一污染物经单一途径的致癌风险和危害商，计算单一污染物的总致癌风险和危害指数，进行不确定性分析。

a. 土壤中单一污染物经 6 种途径的致癌风险。

经口摄入土壤途径的致癌风险采用以下公式计算。

$$CR_{ois} = OISER_{ca} \times C_{sur} \times SF_o \qquad (4\text{-}58)$$

皮肤接触土壤途径的致癌风险采用以下公式计算。

$$CR_{dcs} = DCSER_{ca} \times C_{sur} \times SF_d \qquad (4-59)$$

吸入土壤颗粒物途径的致癌风险采用以下公式计算。

$$CR_{pis} = PISER_{ca} \times C_{sur} \times SF_i \qquad (4-60)$$

吸入室外空气中来自表层土壤的气态污染物途径的致癌风险采用以下公式计算。

$$CR_{iov1} = IOVER_{ca1} \times C_{sur} \times SF_i \qquad (4-61)$$

吸入室外空气中来自下层土壤的气态污染物途径的致癌风险采用以下公式计算。

$$CR_{iov2} = IOVER_{ca2} \times C_{sub} \times SF_i \qquad (4-62)$$

吸入室内空气中来自下层土壤的气态污染物途径的致癌风险采用以下公式计算。

$$CR_{iiv1} = IIVER_{ca1} \times C_{sub} \times SF_i \qquad (4-63)$$

b. 土壤中单一污染物经 6 种途径的危害商。

经口摄入土壤途径的危害商采用以下公式计算。

$$HQ_{ois} = \frac{OISER_{nc} \times C_{sur}}{RfD_o \times SAF} \qquad (4-64)$$

皮肤接触土壤途径的危害商采用以下公式计算。

$$HQ_{dcs} = \frac{DCSER_{nc} \times C_{sur}}{RfD_d \times SAF} \qquad (4-65)$$

吸入土壤颗粒物途径的危害商采用以下公式计算。

$$HQ_{pis} = \frac{PISER_{nc} \times C_{sur}}{RfD_i \times SAF} \qquad (4-66)$$

吸入室外空气中来自表层土壤的气态污染物途径的危害商采用以下公式计算。

$$HQ_{iov1} = \frac{IOVER_{nc1} \times C_{sur}}{RfD_i \times SAF} \qquad (4-67)$$

吸入室外空气中来自下层土壤的气态污染物途径的危害商采用以下公式计算。

$$HQ_{iov2} = \frac{IOVER_{nc2} \times C_{sub}}{RfD_i \times SAF} \tag{4-68}$$

吸入室内空气中来自下层土壤的气态污染物途径的危害商采用以下公式计算。

$$HQ_{iiv1} = \frac{IIVER_{nc1} \times C_{sub}}{RfD_i \times SAF} \tag{4-69}$$

c. 土壤中单一污染物的总致癌风险和危害指数。

土壤中单一污染物经所有暴露途径的总致癌风险采用以下公式计算。

$$CR_n = CR_{ois} + CR_{dcs} + CR_{pis} + CR_{iov1} + CR_{iov2} + CR_{iiv1} \tag{4-70}$$

土壤中单一污染物经所有暴露途径的危害指数采用以下公式计算。

$$HI_n = HQ_{ois} + HQ_{dcs} + HQ_{pis} + HQ_{iov1} + HQ_{iov2} + HQ_{iiv1} \tag{4-71}$$

土壤风险评估模型参数见表 4-13。

表4-13　土壤风险评估模型参数

参数	参数说明
CR_{ois}	经口摄入土壤途径的致癌风险，量纲一
CR_{dcs}	皮肤接触土壤途径的致癌风险，量纲一
CR_{pis}	吸入土壤颗粒物途径的致癌风险，量纲一
CR_{iov1}	吸入室外空气中来自表层土壤的气态污染物途径的致癌风险，量纲一
CR_{iov2}	吸入室外空气中来自下层土壤的气态污染物途径的致癌风险，量纲一
CR_{iiv1}	吸入室内空气中来自下层土壤的气态污染物途径的致癌风险，量纲一
CR_n	土壤中单一污染物（第 n 种）经所有暴露途径的总致癌风险，量纲一
C_{sur}	表层土壤中污染物含量，mg/kg；必须根据地块调查获得参数值
SF_o	经口摄入致癌斜率因子，kg·d/mg
SF_d	皮肤接触致癌斜率因子，kg·d/mg
SF_i	呼吸吸入致癌斜率因子，kg·d/mg
C_{sub}	下层土壤中污染物含量，mg/kg；必须根据地块调查获得参数值
HQ_{ois}	经口摄入土壤途径的危害商，量纲一
HQ_{dcs}	皮肤接触土壤途径的危害商，量纲一
HQ_{pis}	吸入土壤颗粒物途径的危害商，量纲一
HQ_{iov1}	吸入室外空气中来自表层土壤的气态污染物途径的危害商，量纲一
HQ_{iov2}	吸入室外空气中来自下层土壤的气态污染物途径的危害商，量纲一

续表

参数	参数说明
HQ_{iiv1}	吸入室内空气中来自下层土壤的气态污染物途径的危害商，量纲一
HI_n	土壤中单一污染物（第 n 种）经所有暴露途径的危害指数，量纲一
SAF	暴露于土壤的参考剂量分配系数，量纲一
RfD_o	经口摄入参考剂量，mg/（kg·d）
RfD_d	皮肤接触参考剂量，mg/（kg·d）
RfD_i	呼吸吸入参考剂量，mg/（kg·d）

⑤不确定性分析。

不确定性分析是分析造成地块风险评估结果不确定性的主要来源，包括暴露情景假设、评估模型的适用性、模型参数取值等多个方面。

a. 暴露风险贡献率分析。

单一污染物经不同暴露途径的致癌风险和危害商的贡献率分析推荐模型分别见下式。根据公式计算获得的百分比越大，表示特定暴露途径对总风险的贡献率越高。

$$PCR_i = \frac{CR_i}{CR_n} \times 100\% \qquad (4\text{-}72)$$

$$PHQ_i = \frac{HQ_i}{HI_n} \times 100\% \qquad (4\text{-}73)$$

式中：CR_i——单一污染物经第 i 种暴露途径的致癌风险，量纲一；

　　　PCR_i——单一污染物经第 i 种暴露途径致癌风险贡献率，量纲一；

　　　HQ_i——单一污染物经第 i 种暴露途径的危害商，量纲一。

　　　PHQ_i——单一污染物经第 i 种暴露途径非致癌风险贡献率，量纲一。

b. 模型参数敏感性分析。

单一暴露途径风险贡献率超过 20% 时，应进行人群和与该途径相关参数的敏感性分析。

模型参数的敏感性可用敏感性比值来表示，即模型参数值的变化（从 P_1 变化到 P_2）与致癌风险或危害商（从 X_1 变化到 X_2）的变化的比值。

计算敏感性比值的推荐模型见下式。

$$\mathrm{SR} = \frac{\dfrac{X_2 - X_1}{X_1}}{\dfrac{P_2 - P_1}{P_1}} \times 100\% \tag{4-74}$$

式中：SR——模型参数敏感性比值，量纲一；

P_1——模型参数 P 变化前的数值；

P_2——模型参数 P 变化后的数值；

X_1——按 P_1 计算的致癌风险或危害商，量纲一；

X_2——按 P_2 计算的致癌风险或危害商，量纲一。

敏感性比值越大，表示该参数对风险的影响也越大。进行模型参数敏感性分析时，应综合考虑参数的实际取值范围以确定参数值的变化范围。

⑥风险控制值的计算。

在风险表征的基础上，判断计算得到的风险值是否超过可接受风险水平。如地块风险评估结果未超过可接受风险水平，则结束风险评估工作；如超过可接受风险水平，则计算关注污染物的风险控制值；如调查结果表明关注污染物可迁移进入地下水，则计算保护地下水的土壤风险控制值；根据计算结果，提出关注污染物的风险控制值。

a. 可接受致癌风险和危害商。

《导则》计算基于致癌效应的风险控制值时，采用的单一污染物可接受致癌风险为 10^{-6}；计算基于非致癌效应的风险控制值时，采用的单一污染物可接受危害商为1。

b. 计算地块土壤风险控制值。

基于致癌风险的土壤风险控制值：

基于经口摄入土壤途径致癌效应的土壤风险控制值采用如下公式计算。

$$\mathrm{RCVS_{ois}} = \frac{\mathrm{ACR}}{\mathrm{OISER_{ca}} \times \mathrm{SF_o}} \tag{4-75}$$

基于皮肤接触土壤途径致癌效应的土壤风险控制值采用如下公式计算。

$$\mathrm{RCVS_{dcs}} = \frac{\mathrm{ACR}}{\mathrm{DCSER_{ca}} \times \mathrm{SF_d}} \tag{4-76}$$

基于吸入土壤颗粒物途径致癌效应的土壤风险控制值采用如下公式计算。

$$RCVS_{pis} = \frac{ACR}{PISER_{ca} \times SF_i} \qquad (4-77)$$

基于吸入室外空气中来自表层土壤的气态污染物途径致癌效应的土壤风险控制值采用如下公式计算。

$$RCVS_{iov1} = \frac{ACR}{IOVER_{ca1} \times SF_i} \qquad (4-78)$$

基于吸入室外空气中来自下层土壤的气态污染物途径致癌效应的土壤风险控制值采用如下公式计算。

$$RCVS_{iov2} = \frac{ACR}{IOVER_{ca2} \times SF_i} \qquad (4-79)$$

基于吸入室内空气中来自下层土壤的气态污染物途径致癌效应的土壤风险控制值采用如下公式计算。

$$RCVS_{iiv} = \frac{ACR}{IIVER_{ca1} \times SF_i} \qquad (4-80)$$

基于6种土壤暴露途径综合致癌效应的土壤风险控制值采用如下公式计算。

$$RCVS_n = \frac{ACR}{OISER_{ca} \times SF_o + DCSER_{ca} \times SF_d + \left(PISER_{ca} + IOVER_{ca1} + IOVER_{ca2} + IIVER_{ca1}\right) \times SF_i}$$

$$(4-81)$$

基于非致癌风险的土壤风险控制值：

基于经口摄入土壤途径非致癌效应的土壤风险控制值采用如下公式计算。

$$HCVS_{ois} = \frac{RfD_o \times SAF \times AHQ}{OISER_{nc}} \qquad (4-82)$$

基于皮肤接触土壤途径非致癌效应的土壤风险控制值采用如下公式计算。

$$HCVS_{dcs} = \frac{RfD_d \times SAF \times AHQ}{DCSER_{nc}} \qquad (4-83)$$

基于吸入土壤颗粒物途径非致癌效应的土壤风险控制值采用如下公式计算。

$$HCVS_{pis} = \frac{RfD_i \times SAF \times AHQ}{PISER_{nc}} \qquad (4-84)$$

基于吸入室外空气中来自表层土壤的气态污染物途径非致癌效应的土壤风险控

制值采用如下公式计算。

$$HCVS_{iov1} = \frac{RfD_i \times SAF \times AHQ}{IOVER_{nc1}}$$ （4-85）

基于吸入室外空气中来自下层土壤的气态污染物途径非致癌效应的土壤风险控制值采用如下公式计算。

$$HCVS_{iov2} = \frac{RfD_i \times SAF \times AHQ}{IOVER_{nc2}}$$ （4-86）

基于吸入室内空气中来自下层土壤的气态污染物途径非致癌效应的土壤风险控制值采用如下公式计算。

$$HCVS_{iiv} = \frac{RfD_i \times SAF \times AHQ}{IIVER_{nc1}}$$ （4-87）

基于 6 种土壤暴露途径综合非致癌效应的土壤风险控制值采用下式计算。

$$HCVS_n = \frac{SAF \times AHQ}{\dfrac{OISER_{nc}}{RfD_o} + \dfrac{DCSER_{nc}}{RfD_d} + \dfrac{PISER_{nc} + IOVER_{nc1} + IOVER_{nc2} + IIVER_{nc1}}{RfD_i}}$$

（4-88）

保护地下水的土壤风险控制值：

地块地下水作为饮用水水源时，须计算保护地下水的土壤风险控制值，可采用以下公式计算。

$$CVS_{pgw} = \frac{MCL_{gw}}{LF_{sgw}}$$ （4-89）

$$LF_{sgw1} = \frac{LF_{sgw-gw}}{K_{sw}}$$ （4-90）

$$LF_{spw-gw} = \frac{1}{1 + \dfrac{U_{gw} \times \delta_{gw}}{I \times W}}$$ （4-91）

$$LF_{sgw2} = \frac{d_{sub} \times \rho_b}{I \times \tau}$$ （4-92）

$$LF_{sgw} = MIN\left(LF_{sgw1}, LF_{sgw2}\right) \qquad (4-93)$$

土壤风险控制值模型参数见表4-14。

表4-14 土壤风险控制值模型参数

参数	参数说明
ACR	可接受致癌风险，量纲一；取值为 10^{-6}
AHQ	可接受危害商，量纲一；取值为1
$RCVS_{ois}$	基于经口摄入途径致癌效应的土壤风险控制值，mg/kg
$RCVS_{dcs}$	基于皮肤接触途径致癌效应的土壤风险控制值，mg/kg
$RCVS_{pis}$	基于吸入土壤颗粒物途径致癌效应的土壤风险控制值，mg/kg
$RCVS_{iov1}$	基于吸入室外空气中来自表层土壤的气态污染物途径致癌效应的土壤风险控制值，mg/kg
$RCVS_{iov2}$	基于吸入室外空气中来自下层土壤的气态污染物途径致癌效应的土壤风险控制值，mg/kg
$RCVS_{iiv}$	基于吸入室内空气中来自下层土壤的气态污染物途径致癌效应的土壤风险控制值，mg/kg
$RCVS_n$	单一污染物（第 n 种）基于6种土壤暴露途径综合致癌效应的土壤风险控制值，mg/kg
$HCVS_{ois}$	基于经口摄入土壤途径非致癌效应的土壤风险控制值，mg/kg
$HCVS_{dcs}$	基于皮肤接触土壤途径非致癌效应的土壤风险控制值，mg/kg
$HCVS_{pis}$	基于吸入土壤颗粒物途径非致癌效应的土壤风险控制值，mg/kg
$HCVS_{iov1}$	基于吸入室外空气中来自表层土壤的气态污染物途径非致癌效应的土壤风险控制值，mg/kg
$HCVS_{iov2}$	基于吸入室外空气中来自下层土壤的气态污染物途径非致癌效应的土壤风险控制值，mg/kg
$HCVS_{iiv}$	基于吸入室内空气中来自下层土壤的气态污染物途径非致癌效应的土壤风险控制值，mg/kg
$HCVS_n$	单一污染物（第 n 种）基于6种土壤暴露途径综合非致癌效应的土壤风险控制值，mg/kg
CVS_{pgw}	保护地下水的土壤风险控制值，mg/kg
MCL_{gw}	地下水中污染物的最大浓度限值，mg/L；取值参照 GB/T 14848
LF_{sgw1}	土壤中污染物迁移进入地下水的淋溶因子（算法一），kg/m³
LF_{sgw-gw}	土壤孔隙水中污染物迁移进入地下水的淋溶因子（土壤孔隙水与地下水中污染物浓度的比值），量纲一

参数	参数说明
LF_{sgw2}	土壤中污染物迁移进入地下水的淋溶因子（算法一），kg/m^3
LF_{sgw}	土壤中污染物进入地下水的淋溶因子（算法一和算法二中的较小值），kg/m^3
W	污染源区宽度，cm^2
d_{sub}	下层污染土壤厚度，cm

c. 分析确定土壤风险控制值。

比较上述计算得到的基于致癌风险和基于非致癌风险的土壤风险控制值，选择较小值作为地块的风险控制值。如地块及周边地下水作为饮用水水源，则应充分考虑对地下水的保护，提出保护地下水的土壤风险控制值。

（2）USEPA 健康风险评价方法

焦化污染场地健康风险评价多以美国国家环境保护局（USEPA）提出的四步法为指导，包括危害鉴定、暴露评估、剂量-效应评估、风险表征4个环节。四步法被广泛应用于焦化污染场地人体健康风险评价。

①危害鉴定。

危害鉴定是健康风险评价的首要步骤，主要是在收集研究区域的污染物数据、监测资料的基础上定性评价污染物危害人群健康的性质，评估对人体可能的危害程度，主要目的是判定污染物是否具有致癌性。根据人群暴露于某种化学物质条件下该物质是否能够对人体健康产生危害或是引起不良健康效应，国际癌症研究机构（IARC）已建立了较为全面的物质毒理数据库，将有毒有害化学品和美国环境保护综合风险信息系统（IRIS）结合，作为判别污染物的危害类型、等级的依据。

②暴露评估。

暴露评估即是在确定暴露人群、暴露时间、暴露途径、暴露频率等参数的基础上，选择合适的暴露评估模型以计算暴露剂量，是进行健康风险评价的定量依据。美国国家环境保护局推荐了土壤、空气、水体、食物等环境介质的各暴露途径，继而可在选取相关暴露参数的基础上，选择合适的暴露评估模型以计算人体的日暴露剂量。

③剂量-效应评估。

剂量-效应评估即是确定污染物的暴露剂量与人体或者动物群体中出现不良效应之间的关系，用于评估污染物的毒性，是健康风险评价的重要步骤。目前，剂量-效应关系主要是根据毒理学动物研究或者相关的人类流行病学研究，对污染物的致病机理进行讨论，并基于现有的统计结果和实验数据，做出剂量－效应关系曲线，并由此计算致癌风险或者非致癌风险的参数。污染物的致癌风险用致癌斜率因子（CSF）表示，非致癌风险用参考剂量来量化评估，用 RfD 表示。

④风险表征。

风险表征即在综合分析前三项的基础上，计算目标暴露人群所产生的有害效应发生的概率，在风险评价与风险管理中起着桥梁作用。根据污染物是否具有致癌性，可将健康风险分为致癌风险和非致癌风险。污染物的致癌风险为污染物的暴露剂量（CDI）与污染物的致癌斜率因子（CSF）的乘积，用 R 表示；非致癌风险为污染物的暴露剂量（CDI）与参考剂量（RfD）的比值，用 HI 表示。

$$R = \text{CDI} \times \text{CSF} \tag{4-94}$$

$$\text{HI} = \frac{\text{CDI}}{\text{RfD}} \tag{4-95}$$

几种常见土壤健康风险评价方法的比较见表 4-15。

表 4-15　土壤健康风险评价方法比较

评价方法	方法介绍	适用范围
《导则》健康风险评价方法	是我国根据《中华人民共和国环境保护法》《中华人民共和国土壤污染防治法》制修订的土壤污染场地健康风险评估方法，工作内容包括危害识别、暴露评估、毒性评估、风险表征，以及土壤风险控制值的计算	适用于建设用地健康风险评估和土壤、地下水风险控制值的确定
USEPA 健康风险评价方法	由美国国家环境保护局（USEPA）提出，是比较系统的评价方法，包括危害鉴定、暴露评估、剂量－效应评估、风险表征 4 个环节	被广泛用于焦化污染场地人体健康风险评价

4.2.3.2　地下水

（1）《导则》健康风险评价方法

①危害识别。

收集地下水污染状况调查阶段获得的相关资料和数据，掌握地下水中关注污染物的浓度分布，分析可能的敏感受体，如儿童、成人、地下水体等。

②暴露评估。

在危害识别的基础上，分析地下水中关注污染物迁移和危害敏感受体的可能性，确定地下水中关注污染物的主要暴露途径和暴露评估模型，确定评估模型参数取值，计算敏感人群对地下水中关注污染物的暴露量。

a. 暴露途径。

《导则》规定的地下水健康风险评价中，污染物主要以吸入室外空气中来自地下水的气态污染物、吸入室内空气中来自地下水的气态污染物、饮用地下水 3 种暴露途径进入受体。

b. 暴露量计算及参数选择。

第一类用地方式下，人群可因吸入室外空气中来自地下水的气态污染物而暴露于受污染地下水。

对于单一污染物的致癌效应，考虑人群在儿童期和成人期暴露的终生危害，吸入室外空气中来自地下水的气态污染物对应的地下水暴露量采用以下公式计算。

$$IOVER_{ca3} = VF_{gwoa} \times \left(\frac{DAIR_c \times EFO_c \times ED_c}{BW_c \times AT_{ca}} + \frac{DAIR_a \times EFO_a \times ED_a}{BW_a \times AT_{ca}} \right) \qquad (4-96)$$

对于单一污染物的非致癌效应，考虑人群在儿童期暴露受到的危害，吸入室外空气中来自地下水的气态污染物途径对应的地下水暴露量采用以下公式计算。

$$IOVER_{nc3} = VF_{gwoa} \times \frac{DAIR_c \times EFO_c \times ED_c}{BW_c \times AT_{nc}} \qquad (4-97)$$

第二类用地方式下，人群可因吸入室外空气中来自地下水的气态污染物而暴露于污染地下水。

对于单一污染物的致癌效应，考虑人群在成人期暴露的终生危害，吸入室外空气中来自地下水的气态污染物对应的地下水暴露量采用以下公式计算。

$$IOVER_{ca3} = VF_{gwoa} \times \frac{DAIR_a \times EFO_a \times ED_a}{BW_a \times AT_{ca}} \qquad (4-98)$$

对于单一污染物的非致癌效应，考虑人群在成人期的暴露危害，吸入室外空气中来自地下水的气态污染物对应的地下水暴露量采用以下公式计算。

$$IOVER_{nc3} = VF_{gwoa} \times \frac{DAIR_a \times EFO_a \times ED_a}{BW_a \times AT_{nc}} \qquad (4-99)$$

第一类用地方式下，人群吸入室内空气中来自地下水的气态污染物而暴露于受污染地下水。

对于单一污染物的致癌效应，考虑人群在儿童期和成人期暴露的终生危害，吸入室内空气中来自地下水的气态污染物途径对应的地下水暴露量采用以下公式计算。

$$IIVER_{ca2} = VF_{gwia} \times \left(\frac{DAIR_c \times EFI_c \times ED_c}{BW_c \times AT_{ca}} + \frac{DAIR_a \times EFI_a \times ED_a}{BW_a \times AT_{ca}} \right) \qquad (4\text{-}100)$$

对于单一污染物的非致癌效应，考虑人群在儿童期暴露受到的危害，吸入室内空气中来自地下水的气态污染物途径对应的地下水暴露量采用以下公式计算。

$$IIVER_{nc2} = VF_{gwia} \times \frac{DAIR_c \times EFI_c \times ED_c}{BW_c \times AT_{nc}} \qquad (4\text{-}101)$$

第二类用地方式下，人群可因吸入室内空气中来自地下水的气态污染物而暴露于污染地下水。

对于单一污染物的致癌效应，考虑人群在成人期暴露的终生危害，吸入室内空气中来自地下水的气态污染物对应的地下水暴露量采用以下公式计算。

$$IIVER_{ca2} = VF_{gwia} \times \frac{DAIR_a \times EFI_a \times ED_a}{BW_a \times AT_{ca}} \qquad (4\text{-}102)$$

对于单一污染物的非致癌效应，考虑人群在成人期的暴露危害，吸入室内空气中来自地下水的气态污染物对应的地下水暴露量采用以下公式计算。

$$IIVER_{nc2} = VF_{gwia} \times \frac{DAIR_a \times EFI_a \times ED_a}{BW_a \times AT_{nc}} \qquad (4\text{-}103)$$

第一类用地方式下，人群可因饮用地下水而暴露于地块地下水污染物。

对于单一污染物的致癌效应，考虑人群在儿童期和成人期暴露的终生危害，饮用地下水途径对应的地下水暴露量采用以下公式计算。

$$CGWER_{ca} = \frac{GWCR_c \times EF_c \times ED_c}{BW_c \times AT_{ca}} + \frac{GWCR_a \times EF_a \times ED_a}{BW_a \times AT_{ca}} \qquad (4\text{-}104)$$

对于单一污染物的非致癌效应，考虑人群在儿童期的暴露危害，饮用地下水途径对应的地下水暴露量采用以下公式计算。

$$CGWER_{nc} = \frac{GWCR_c \times EF_c \times ED_c}{BW_c \times AT_{nc}} \qquad (4\text{-}105)$$

第二类用地方式下，人群可因饮用地下水而暴露于地下水污染物。

对于单一污染物的致癌效应，考虑人群在成人期暴露的终生危害，饮用地下水途径对应的地下水暴露量采用以下公式计算。

$$CGWER_{ca} = \frac{GWCR_a \times EF_a \times ED_a}{BW_a \times AT_{ca}} \qquad (4\text{-}106)$$

对于单一污染物的非致癌效应，考虑人群在成人期的暴露危害，饮用地下水途径对应的地下水暴露量采用以下公式计算。

$$CGWER_{nc} = \frac{GWCR_a \times EF_a \times ED_a}{BW_a \times AT_{nc}} \qquad (4\text{-}107)$$

地下水 3 种途径暴露量计算公式的参数及推荐值见表 4-16。

表 4-16　地下水 3 种途径暴露量计算公式的参数及推荐值

参数	参数说明	第一类用地推荐值	第二类用地推荐值
$IOVER_{ca3}$	吸入室外空气中来自地下水的气态污染物对应的地下水暴露量（致癌效应），L/（kg·d）		
$IOVER_{nc3}$	吸入室外空气中来自地下水的气态污染物对应的地下水暴露量（非致癌效应），L/（kg·d）		
$IIVER_{ca2}$	吸入室内空气中来自地下水的气态污染物对应的地下水暴露量（致癌效应），L/（kg·d）		
$IIVER_{nc2}$	吸入室内空气中来自地下水的气态污染物对应的地下水暴露量（非致癌效应），L/（kg·d）		
$CGWER_{ca}$	饮用受影响地下水对应的地下水的暴露量（致癌效应），L/（kg·d）		
$CGWER_{nc}$	饮用受影响地下水对应的地下水的暴露量（非致癌效应），L/（kg·d）		
VF_{gwoa}	地下水中污染物扩散进入室外空气的挥发因子，L/m³		
VF_{gwia}	地下水中污染物扩散进入室内空气的挥发因子，L/m³		
ED_c	儿童暴露期，a	6	—
ED_a	成人暴露期，a	24	25
BW_c	儿童体重，kg	19.2	—
BW_a	成人体重，kg	61.8	61.8
AT_{ca}	致癌效应平均时间，d	27 740	27 740
AT_{nc}	非致癌效应平均时间，d	2 190	9 125
$DAIR_c$	儿童每日空气呼吸量，m³/d	7.5	—
$DAIR_a$	成人每日空气呼吸量，m³/d	14.5	14.5
EFO_c	儿童的室外暴露频率，d/a	87.5	—
EFO_a	成人的室外暴露频率，d/a	87.5	62.5

参数	参数说明	第一类用地推荐值	第二类用地推荐值
EFI_c	儿童的室内暴露频率，d/a	262.5	—
EFI_a	成人的室内暴露频率，d/a	262.5	187.5
$GWCR_c$	儿童每日饮水量，L/d	0.7	0.7
$GWCR_a$	成人每日饮水量，L/d	1.0	1.0
EF_c	儿童暴露频率，d/a	350	—
EF_a	成人暴露频率，d/a	350	250

③毒性评估。

见《导则》毒性评估内容。

④风险表征。

在暴露评估和毒性评估的基础上，采用风险评估模型计算地下水中单一污染物经单一途径的致癌风险和危害商，计算单一污染物的总致癌风险和危害指数，进行不确定性分析。

a. 地下水中单一污染物致癌风险。

吸入室外空气中来自地下水的气态污染物途径的致癌风险采用下式计算。

$$CR_{iov3} = IOVER_{ca3} \times C_{gw} \times SF_i \qquad (4\text{-}108)$$

吸入室内空气中来自地下水的气态污染物途径的致癌风险采用下式计算。

$$CR_{iiv2} = IIVER_{ca2} \times C_{gw} \times SF_i \qquad (4\text{-}109)$$

饮用地下水途径的致癌风险采用下式计算。

$$CR_{cgw} = CGWER_{ca} \times C_{gw} \times SF_o \qquad (4\text{-}110)$$

地下水中单一污染物经所有暴露途径的总致癌风险采用下式计算。

$$CR_n = CR_{iov3} + CR_{iiv2} + CR_{cgw} \qquad (4\text{-}111)$$

b. 地下水中单一污染物危害商。

吸入室外空气中来自地下水的气态污染物途径的危害商采用下式计算。

$$HQ_{iov3} = \frac{IOVER_{nc3} \times C_{gw}}{RfD_i \times WAF} \qquad (4\text{-}112)$$

吸入室内空气中来自地下水的气态污染物途径的危害商采用下式计算。

$$HQ_{iiv2} = \frac{IIVER_{nc2} \times C_{gw}}{RfD_i \times WAF} \qquad (4\text{-}113)$$

饮用地下水途径的危害商，采用下式计算。

$$HQ_{cgw} = \frac{CGWER_{nc} \times C_{gw}}{RfD_o \times WAF} \qquad (4\text{-}114)$$

地下水中单一污染物经所有暴露途径的危害指数采用下式计算。

$$HI_n = HQ_{iov3} + HQ_{iiv2} + HQ_{cgw} \qquad (4\text{-}115)$$

地下水风险评估模型参数见表4-17。

表4-17 地下水风险评估模型计算公式的参数

参数	参数说明
CR_{iov3}	吸入室外空气中来自地下水的气态污染物途径的致癌风险，量纲一
C_{gw}	地下水中污染物浓度，mg/L；必须根据地块调查获得参数值
SF_i	呼吸吸入致癌斜率因子，$kg \cdot d/mg$
CR_{iiv2}	吸入室内空气中来自地下水的气态污染物途径的致癌风险，量纲一
CR_{cgw}	饮用地下水途径的致癌风险，量纲一
SF_o	经口摄入致癌斜率因子，$kg \cdot d/mg$
CR_n	地下水中单一污染物（第n种）经所有暴露途径的总致癌风险，量纲一
HQ_{iov3}	吸入室外空气中来自地下水的气态污染物途径的危害商，量纲一
WAF	暴露于地下水的参考剂量分配比例，量纲一
RfD_i	呼吸吸入参考剂量，$kg \cdot d/mg$
HQ_{iiv2}	吸入室内空气中来自地下水的气态污染物途径的危害商，量纲一
HQ_{cgw}	饮用地下水途径的危害商，量纲一
HI_n	地下水中单一污染物（第n种）经所有暴露途径的危害指数，量纲一

注：$IOVER_{ca3}$、$IIVER_{ca2}$、$CGWER_{ca}$、$IOVER_{nc3}$、$IIVER_{nc2}$、$CGWER_{nc}$等参数的含义参见表4-16。

⑤不确定性分析。

见《导则》不确定性分析。

⑥风险控制值的计算。

可接受致癌风险和危害商同《导则》中风险控制值计算。

基于致癌风险的地下水风险控制值：

对于单一污染物，基于吸入室外空气中来自地下水的气态污染物途径致癌效应的地下水风险控制值采用下式计算。

$$RCVG_{iov} = \frac{ACR}{IOVER_{ca3} \times SF_i} \qquad (4\text{-}116)$$

式中：$RCVG_{iov}$——基于吸入室外空气中来自地下水的气态污染物途径致癌效应的
地下水风险控制值，mg/L；

ACR——可接受致癌风险，量纲一；取值为 10^{-6}。

对于单一污染物，基于吸入室内空气中来自地下水的气态污染物途径致癌效应
的地下水风险控制值采用下式计算。

$$RCVG_{iiv} = \frac{ACR}{IIVER_{ca2} \times SF_i} \qquad (4\text{-}117)$$

式中：$RCVG_{iiv}$——基于吸入室内空气中来自地下水的气态污染物途径致癌效应的
地下水风险控制值，mg/L。

对于单一污染物，基于饮用地下水途径致癌效应的地下水风险控制值采用下式
计算。

$$RCVG_{cgw} = \frac{ACR}{CGWER_{ca} \times SF_o} \qquad (4\text{-}118)$$

式中：$RCVG_{cgw}$——基于饮用地下水途径致癌效应的地下水风险控制值，mg/L。

基于 3 种地下水暴露途径综合致癌效应的地下水风险控制值采用下式计算。

$$RCVG_n = \frac{ACR}{(IOVER_{ca3} + IIVER_{ca2}) \times SF_i + CGWER_{ca} \times SF_o} \qquad (4\text{-}119)$$

式中：$RCVG_n$——单一污染物（第 n 种）基于 3 种地下水暴露途径综合致癌效应的
地下水风险控制值，mg/L。

基于非致癌风险的地下水风险控制值：

对于单一污染物，基于吸入室外空气中来自地下水的气态污染物途径非致癌效
应的地下水风险控制值采用下式计算。

$$HCVG_{iov} = \frac{RfD_i \times WAF \times AHQ}{IOVER_{nc3}} \qquad (4\text{-}120)$$

式中：$IICVG_{iov}$——基于吸入室外空气中来自地下水的气态污染物途径非致癌效应
的地下水风险控制值，mg/L。

AHQ——可接受危害商，量纲一；取值为1。

对于单一污染物，基于吸入室内空气中来自地下水的气态污染物途径非致癌效应的地下水风险控制值采用下式计算。

$$HCVG_{iiv} = \frac{RfD_i \times WAF \times AHQ}{IIVER_{nc2}} \qquad (4\text{-}121)$$

式中：$HCVG_{iiv}$——基于吸入室内空气中来自地下水的气态污染物途径非致癌效应的地下水风险控制值，mg/L。

对于单一污染物，基于饮用地下水途径非致癌效应的地下水风险控制值采用下式计算。

$$HCVG_{cgw} = \frac{RfD_o \times WAF \times AHQ}{CGWER_{nc}} \qquad (4\text{-}122)$$

式中：$HCVG_{cgw}$——基于饮用地下水途径非致癌效应的地下水风险控制值，mg/L。

对十单一污染物，基于3种地下水暴露途径综合非致癌效应的地下水风险控制值采用下式计算。

$$HCVG_n = \frac{AHQ \times WAF}{\dfrac{IOVER_{nc3} + IIVER_{nc2}}{RfD_i} + \dfrac{CGWER_{nc}}{RfD_o}} \qquad (4\text{-}123)$$

式中：$HCVG_n$——单一污染物（第 n 种）基于3种地下水暴露途径综合非致癌效应的地下水风险控制值，mg/L。

比较上述计算得到的基于致癌风险的地下水风险控制值和基于非致癌风险的地下水风险控制值，选择较小值作为地块的风险控制值。

（2）NAS健康风险评价方法

NAS的健康风险评价模式更为通用，以下主要介绍其暴露评估、风险表征和不确定性分析。

①暴露评估。

暴露评估为健康风险评估提供可靠的暴露数据、估算值以及暴露情况。暴露评估中，需要了解人群对化学污染物质的暴露途径，进而选择合适的方法估算人群的暴露量，主要包括测量和评估人群暴露于环境污染物的量级、方式、频率和时间。暴露评估是健康风险评估至关重要的一环，可用于已有环境污染物导致的健康风险评估，也可以用于环境污染物在未来导致健康风险的预测。

a. 暴露途径。

在地下水健康风险评价中，污染物主要以饮水摄入、皮肤暴露、呼吸吸入这三种暴露途径进入受体。

饮水摄入途径：饮水摄入是地下水污染物进入人体的主要方式，地下水进入人体后，污染物在胃和肠道中消化吸收，直至人体各个器官，最终表现为对人体健康造成损害。

皮肤暴露途径：由于人体皮肤具有吸收的功能，污染物能通过该功能进入人体。地下水作为生活用水之一，会被用于人们的日常洗漱、清洗等或挥发在空气中，在这些使用过程中污染物容易被人体表皮所吸收，进入人体并导致健康危害。

呼吸吸入途径：地下水中污染物会随地下水的挥发作用，进入空气介质中，并通过暴露于该空气介质中的人体的呼吸系统，进入人体中。

b. 暴露量计算。

对于饮水摄入途径，其暴露剂量采用以下公式进行计算。

$$\mathrm{ADD_{ing}} = \frac{C \times \mathrm{EF} \times \mathrm{ED} \times \mathrm{IR}}{\mathrm{AT} \times \mathrm{BW}} \qquad (4\text{-}124)$$

$$\mathrm{LADD_{ing}} = \frac{C \times \mathrm{EF} \times \mathrm{ED} \times \mathrm{IR}}{\mathrm{LT} \times \mathrm{BW}} \qquad (4\text{-}125)$$

对于皮肤暴露途径，其暴露剂量采用以下公式进行计算。

$$\mathrm{ADD_{der}} = \frac{\mathrm{DA_{event}} \times \mathrm{EV} \times \mathrm{ED} \times \mathrm{EF} \times \mathrm{SA}}{\mathrm{AT} \times \mathrm{BW}} \qquad (4\text{-}126)$$

$$\mathrm{LADD_{der}} = \frac{\mathrm{DA_{event}} \times \mathrm{EV} \times \mathrm{ED} \times \mathrm{EF} \times \mathrm{SA}}{\mathrm{LT} \times \mathrm{BW}} \qquad (4\text{-}127)$$

$$\mathrm{DA_{event}} = K_{\mathrm{p}} \times \mathrm{CW} \times t_{\mathrm{event}} \times 10^{-3} \qquad (4\text{-}128)$$

对于呼吸吸入途径，其暴露剂量采用以下公式进行计算。

$$\mathrm{ADD_{inh}} = \frac{C \times \mathrm{EF} \times \mathrm{ED} \times \mathrm{ET}}{\mathrm{AT}} \qquad (4\text{-}129)$$

$$\mathrm{LADD_{inh}} = \frac{C \times \mathrm{EF} \times \mathrm{ED} \times \mathrm{ET}}{\mathrm{LT}} \qquad (4\text{-}130)$$

3 种不同途径暴露量计算公式参数见表 4-18。

表 4-18　3 种不同途径暴露量计算公式参数

参数	参数说明
ADD_{inh}	呼吸吸入途径日均暴露量，mg/m^3
$LADD_{inh}$	呼吸吸入途径终生日均暴露量，mg/m^3
ADD_{ing}	饮水摄入途径日均暴露量，$mg/(kg \cdot d)$
$LADD_{ing}$	饮水摄入途径终生日均暴露量，$mg/(kg \cdot d)$
ADD_{der}	皮肤暴露途径日均暴露量，$mg/(kg \cdot d)$
$LADD_{der}$	皮肤暴露途径终生日均暴露量，$mg/(kg \cdot d)$
C	污染物浓度，mg/L
ED	暴露周期，a
EF	暴露频率，d/a
ET	暴露时间，h/d
AT	平均时间（年，一般用于非致癌效应的风险评估，慢性非致癌效应的 AT 固定为 30 年，其余非致癌效应根据实际情况确定具体数值）
LT	终生时间（年，一般用于致癌效应的风险评估，终生时间为 70 年）
IR	经口摄入率，L/d
BW	体重，kg
DA_{event}	平均单次事件吸收量 $[mg/(cm^2 \cdot 次)]$，通常由地下水平均污染物浓度（CW）、平均单次事件的暴露时间（t_{event}）、皮肤渗透系数（K_p）、皮肤吸收率等参数计算得到
EV	暴露事件频率，次 /d
SA	皮肤接触暴露面积，cm^2

注：以上为成年人群日均暴露量的计算公式，其他人群的暴露量评估可通过上述公式的调整计算获得。

②风险表征。

风险表征是最终对风险值进行计算以确定有害结果发生的概率，并对估算出的风险水平结果进行不确定分析的过程。进行人体健康风险值计算时，通常将污染物产生的健康风险划分为致癌风险和非致癌风险。具体的计算方法如下。

a. 致癌风险定量计算方法。

对于饮水摄入途径，其致癌风险采用以下公式进行计算。

$$Risk = LADD_{ing} \times SF_o \tag{4-131}$$

对于皮肤暴露途径，其致癌风险采用以下公式进行计算。

$$Risk = LADD_{der} \times SF_{ABS} \tag{4-132}$$

对于呼吸吸入途径,其致癌风险采用以下公式进行计算。

$$Risk = LADD_{inh} \times IUR \times 1\,000 \qquad (4\text{-}133)$$

式中:$LADD_{ing}$——污染物饮水摄入途径终生日均暴露量,mg/(kg·d);

$LADD_{der}$——污染物皮肤暴露途径终生日均暴露量,mg/(kg·d);

$LADD_{inh}$——污染物呼吸吸入途径终生日均暴露量,mg/m³;

IUR——呼吸吸入途径的单位风险因子,m³/μg;

SF_o——经口摄入斜率因子,kg·d/mg;

SF_{ABS}——吸收斜率因子,kg·d/mg。

除非有明确的证据显示多种致癌物质具有交互作用,否则应计算各种致癌物质致癌风险后,再求和,即为总致癌风险。对于同一污染物的不同暴露途径,应分别计算各途径的致癌风险,再求和,即为总致癌风险。

致癌风险无量纲,用科学计数法表示,例如计算得到的风险是 1×10^{-6},那么代表致癌风险为每 100 万人中有 1 人可能患癌症。

依据美国国家环境保护局推荐的可接受风险,如果某污染物的终生致癌风险小于 10^{-6},则认为其引起癌症的风险性较低;如果某污染物的终生致癌风险介于 $10^{-6} \sim 10^{-4}$,则认为有可能引起癌症;如果污染物的终生致癌风险大于 10^{-4},则认为其引起癌症的风险性较高。

b. 非致癌风险定量表征计算方法。

对于饮水摄入途径,其非致癌风险采用以下公式进行计算。

$$HQ = ADD_{ing} / RfD_o \qquad (4\text{-}134)$$

对于皮肤暴露途径,其致癌风险采用以下公式进行计算。

$$HQ = ADD_{der} \times RfD_{ABS} \qquad (4\text{-}135)$$

对于呼吸吸入途径,其非致癌风险采用以下公式进行计算。

$$HQ = ADD_{inh} / RfC \qquad (4\text{-}136)$$

式中:ADD_{ing}——污染物饮水摄入途径日均暴露量,mg/(kg·d);

ADD_{der}——污染物皮肤暴露途径日均暴露量,mg/(kg·d);

ADD_{inh}——污染物呼吸吸入途径日均暴露量,mg/m³;

RfD_o——经口摄入参考剂量,mg/(kg·d);

RfD_{ABS}——吸收参考剂量,mg/(kg·d);

RfC——呼吸吸入途径参考剂量，mg/m^3。

此外，目前国际上根据化学物质的暴露方式，将其非致癌健康效应分为慢性（chronic）、亚慢性（subchronic）、短期（short term）、急性（acute）以及发育毒性（developmental toxicant），在查询相应的 RfC 和 RfD 等毒理学数值时，应按照对应的暴露途径和暴露方式进行查询。将各种污染物或污染物的各暴露途径的危害系数相加，得到危害指数（hazard index，HI），即 HI=∑HQ，危害系数无量纲。如果危害指数≤1，预期将不会造成显著损害，表示暴露低于会产生不良反应的阈值。如果危害指数＞1，则表示暴露剂量超过阈值，可能产生毒性。

（3）USEPA 健康风险评价方法

水环境健康风险评价对象为水体中对人体存在健康风险的有毒污染物。根据国际癌症研究机构（IARC）对化学物质的分类，属于 1 类（对人体致癌性证据充分）和 2 类 A 组（对人体致癌性证据有限，但对动物致癌性证据充分）的化学物质为化学致癌物，其他为非致癌化学有毒物质（非致癌物）。化学致癌物和放射性污染物属于基因毒物质，非致癌物属于躯体毒物质。它们主要通过直接接触、摄入水体中食物和饮水 3 种暴露途径对人体健康造成危害，而饮水途径是其中很重要的暴露途径；对于地下水而言，摄入水体中食物途径可忽略不计。

①饮水途径健康风险评价模型。

a. 化学致癌物质经饮水途径所致健康危害的风险 R^c。

$$R^c = \sum_{i=1}^{k} R_i^c \qquad (4\text{-}137)$$

$$R_i^c = \left[1 - \exp\left(-D_i \times \mathrm{CSF}_i\right) \right] / L \qquad (4\text{-}138)$$

式中：R_i^c——化学致癌物质 i（共 k 种化学致癌物质）经饮水途径的平均个人致癌年风险，a^{-1}；

D_i——化学致癌物质 i 经饮水途径的单位体重日均暴露剂量，mg/（kg·d）；

CSF_i——化学致癌物质 i 的饮水途径致癌斜率，kg·d/kg；

L——人均寿命，a。

b. 非致癌物质经饮水途径所致健康危害的风险 R^n。

$$R^n = \sum_{i=1}^{j} R_i^n \qquad (4\text{-}139)$$

$$R_i^n = \left(D_i / \mathrm{RfD}_i \right) \times 10^{-6} / L \qquad (4\text{-}140)$$

式中：R_i^n——非致癌物质 i（共 j 种非致癌物质）经饮水途径所致健康危害的平均个人年风险，a^{-1}；

D_i——非致癌物质经饮水途径的单位体重日均暴露剂量，mg/（kg·d）；

RfD_i——非致癌物质的饮水途径参考剂量，kg/（kg·d）；

L——人均寿命，a。

饮水途径的单位体重日均暴露剂量 D_i 为：

$$D_i = \theta C_i / W \qquad (4-141)$$

式中：θ——成人每日平均吸收水量，L/d；

C_i——化学致癌物质或非致癌物质的质量浓度，mg/L；

W——成人人均体重，kg。

②皮肤接触途径健康风险评价模型。

a. 化学致癌物质经皮肤途径所致健康危害的风险 R^c。

$$R^c = \sum_{i=1}^{k} R_i^c \qquad (4-142)$$

$$R_i^c = \left[1 - \exp\left(-CDI \times CSF_i\right)\right] / L \qquad (4-143)$$

式中：R_i^c——化学致癌物质 i（共 k 种化学致癌物质）经皮肤接触途径所致健康危害的平均个人致癌年风险，a^{-1}；

CDI——每日单位体重的摄入剂量，mg/（kg·d）；

CSF_i——化学致癌物质 i 的皮肤接触途径致癌斜率，kg·d/kg；

L——人均寿命，a。

b. 非致癌物质经皮肤接触途径所致健康危害的风险 R^n。

$$R^n = \sum_{i=1}^{j} R_i^n \qquad (4-144)$$

$$R_i^n = \left(CDI \times 10^{-6} / RfD_i\right) / L \qquad (4-145)$$

$$CDI = I \times A_{SD} \times FE \times EF \times ED / \left(W \times AT \times f\right) \qquad (4-146)$$

$$I = 2 \times 10^{-3} \times k \times C_i \times \sqrt{\frac{6 \times T \times TE}{\pi}} \qquad (4-147)$$

式中：R_i^n——非致癌物质 i（共 j 种非致癌物质）经皮肤接触途径所致健康危害的平均个人年风险，a^{-1}；

I——单位面积对污染物的吸附量，mg/（cm²·次）；

A_{SD}——人体表面积，cm²；

FE——皮肤接触频率，次/d；

EF——暴露频率，d/a；

ED——暴露延时，a；

W——成人人均体重，kg；

AT——平均暴露时间，d；

f——肠道吸收比率；

k——皮肤吸收参数，cm/h；

T——延滞时间，h；

TE——皮肤接触时间，h。

几种常见地下水健康风险评价方法比较见表 4-19。

表 4-19　地下水污染风险评价方法比较

评价方法	方法介绍	适用范围
《导则》健康风险评价方法	参考 USEPA 健康风险评价模型和 IRIS 颁布的毒性参数的基础上颁布，2019 年修正了部分污染物毒性与理化参数、推荐参数及计算公式	适用于国内建设用地土壤、地下水健康风险评估和土壤、地下水风险控制值的确定
NAS 健康风险评价方法	由美国国家科学院提出，是最早提出的比较系统的评价方法	广泛应用于空气、水和土壤等环境介质中有毒化学污染物的人体健康风险评价，使用较为普遍
USEPA 健康风险评价方法	美国国家环境保护局提出的与 NAS 方法相似的风险评价方法	适用于污染场地土壤及地下水健康风险评估，强调对污染场地各种参数的收集，其操作性更强

4.2.4　健康风险评价软件

健康风险评价是一项非常繁琐的工作，涉及多种暴露途径、需使用各种场地参数、暴露情景参数和毒理学参数，需要十分复杂的数学计算公式。为了简化风险评价的流程，陆续开发出一些模型，如美国的 RBCA 模型、英国的 CLEA 模型、意大利的 ROME 模型、荷兰的 RISC-Human 模型以及近年来国内使用较多的 HERA 模型等。由于各种模型在原理、适用条件、算法等方面均有较大差异，因此在正确地甄别模型间异同的基础上才能选择合适的模型。目前，RBCA 模型对污染源的考虑更为全面，并且充分考虑了水、气、土等多介质环境。由于国内的焦化污染场地大部分存在土壤和地下水污染，因此 RBCA 模型更适合国内焦化污染场地的健康风险评价。

4.2.4.1　RBCA 模型

RBCA 模型是由美国 GSI 公司根据美国材料与试验协会（American Society for Testing and Materials，ASTM）《基于风险的矫正行动》（Risk-based Corrective Action，RBCA）标准开发的用于评价环境介质中污染物风险的一种方法。该模型除了可以实现污染场地的健康风险分析外，还可以用来确定基于健康风险的土壤环境质量标准和修复目标值，已在发达国家得到了广泛应用。

RBCA 需要输入的参数主要有三类：场地特征参数、污染物的毒理学参数、敏感受体及暴露参数。

RBCA 模型按照美国国家环境保护局的化学物质分类，将化学物质分为致癌物质与非致癌物质。对于致癌物质，设定 10^{-6} 为可接受致癌风险水平下限，10^{-4} 为可接受致癌风险水平上限；对于非致癌物质，计算其危害值，判定标准设定为 1。致癌物质的致癌风险值（CR）计算公式为：

$$CR = \frac{IR_{oral} \times EF_{oral} \times ED_{oral} \times SF_{oral}}{BW \times AT}$$

$$+ \frac{IR_{dermal} \times EF_{dermal} \times ED_{dermal} \times SF_{dermal}}{BW \times AT}$$

$$+ \frac{IR_{inh} \times EF_{inh} \times ED_{inh} \times SF_{inh}}{BW \times AT} \tag{4-148}$$

式中：SF——致癌斜率因子；

　　　EF——暴露频率；

　　　ED——暴露持续时间；

　　　IR——摄入比例；

　　　BW——体重；

　　　AT——平均时间；

　　　下标 oral、dermal 和 inh——经口途径、皮肤接触途径和吸入途径。

非致癌物质的危害值（HQ）计算公式为：

$$HQ = \frac{IR_{oral} \times EF_{oral} \times ED_{oral}}{BW \times AT \times RfD_{oral}} + \frac{IR_{dermal} \times EF_{dermal} \times ED_{dermal}}{BW \times AT \times RfD_{dermal}} + \frac{IR_{inh} \times EF_{inh} \times ED_{inh}}{BW \times AT \times RfD_{inh}} \tag{4-149}$$

式中：RfD 为参考剂量；其他指标同上。

4.2.4.2　CLEA 模型

CLEA（Contaminated Land Exposure Assessment）模型是英国官方推荐的用于开展污染场地风险评价和获取土壤修改指导限值（SGCs）的模型。CLEA 模型风险评价过程不包含短期或急性暴露风险评价，也不包括污染水体的人体健康风险评价，仅针对污染土壤。CLEA 模型将化学物质对人体或动物的健康效应划分为阈值效应和非阈值效应，非阈值效应用指示剂量表示，阈值效应用可接受日土壤摄入量表示，总称为健康标准值（HCV）。依据日平均暴露量（CDI）与 HCV 的比值来评价化学物质的危害程度。

CDI/HCV 的计算公式如下：

$$\frac{CDI}{HCV} = \frac{C \times IR_{oral} \times EF_{oral} \times ED_{oral}}{BW \times AT \times HCV_{oral}} + \frac{C \times IR_{der} \times EF_{der} \times ED_{der}}{BW \times AT \times HCV_{der}} + \frac{C \times IR_{inh} \times EF_{inh} \times ED_{inh}}{BW \times AT \times HCV_{inh}}$$

（4-150）

式中：C——污染物的含量，mg/kg；

　　　IR——摄入污染物的量，kg；

　　　EF——暴露频率，1/d；

　　　ED——暴露持续时间，a；

　　　BW——体重，kg；

　　　AT——平均寿命，a；

　　　HCV——健康标准值，mg/（kg·d）；

　　　下标 oral、der、inh——经口途径、皮肤接触途径、吸入途径。当 CDI/HCV≤1，说明在可接受的范围内；当 CDI/HCV>1，说明污染场地具有潜在的健康风险。

4.2.4.3　HERA 模型

HERA 模型是由中国科学院南京土壤研究所污染场地修复中心陈梦舫团队研究开发的软件模型，该模型主要应用于污染场地健康与环境风险评估与修复。该模型功能全面、操作简便，不仅能进行基于保护土壤与地下水的土壤筛选值的推导，还能进行风险值和暴露途径贡献率的计算[73]。HERA 模型以后向模式即预先对目标污染物的风险水平（TCR）进行设定，再通过污染物实测和既定毒理学参数、污染物对人体的主要暴露途径和主要受体的特征参数来反推污染物筛选值。该推导包含经口摄入、皮肤接触等 7 种暴露途径的模型解析公式。由于公式较多且繁琐，仅以经口摄入途径推导公式为例，其他暴露途径的推导公式可参考《建设用地土壤污染风险评估技术导则》（HJ 25.3—2019），经口摄入（ing）途径筛选值由公式推导，筛选值最终结果按照最后一个公式取值。

$$\frac{ADE_{ca}^{ing}}{C_s} = \frac{\dfrac{\dfrac{IR_c^{ing}}{C_s} \times EF_c \times ED_c}{BW_c} + \dfrac{\dfrac{IR_a^{ing}}{C_s} \times EF_a \times ED_a}{BW_a}}{AT_{ca}} \tag{4-151}$$

$$\frac{ADE_{nc}^{ing}}{C_s} = \frac{\dfrac{IR_c^{ing}}{C_s} \times EF_c \times ED_c}{AT_{nc} \times BW_c} \tag{4-152}$$

$$RSLS_{ca}^{ing} = \frac{HCV_{ca}^{ing} \times 10^3}{\dfrac{ADE_{ca}^{ing}}{C_s}} \tag{4-153}$$

$$RSLS_{nc}^{ing} = \frac{HCV_{nc}^{ing} \times 10^3}{\dfrac{ADE_{nc}^{ing}}{C_s}} \tag{4-154}$$

$$RSLS^{ing} = MIN\left(RSLS_{ca}^{ing}, RSLS_{nc}^{ing}\right) \tag{4-155}$$

$$RSLS = \frac{1}{\dfrac{1}{RSLS^{ing}} + \dfrac{1}{RSLS^{der}} + \dfrac{1}{RSLS^{ip}} + \dfrac{1}{RSLS^{op}} + \dfrac{1}{RSLS^{iv}} + \dfrac{1}{RSLS^{sur \cdot ov}} + \dfrac{1}{RSLS^{sub \cdot ov}}} \tag{4-156}$$

式中：EF_a——成人暴露频率，d/a；

EF_c——儿童暴露频率，d/a；

ED_a——成人暴露周期，a；

ED_c——儿童暴露周期，a；

BW_a——成人体重，kg；

BW_c——儿童体重，kg；

AT_{ca}——致癌效应平均时间，d；

AT_{nc}——非致癌效应平均时间，d；

HCV_{ca}^{ing}——经口摄入致癌效应健康标准值，mg·d/kg；

HCV_{nc}^{ing}——经口摄入非致癌效应健康标准值，mg·d/kg；

RSLS——多种途径土壤筛选值，mg/kg；

$RSLS_{ca}^{ing}$——经口摄入致癌效应土壤筛选值，mg/kg；

$RSLS_{nc}^{ing}$——经口摄入非致癌效应土壤筛选值，mg/kg；

der——皮肤；

ip、op——吸入室内、室外土壤；

iv、sur·ov——吸入表层、下层室外蒸气；

Sub·ov——吸入下层室内蒸气；

$\dfrac{IR_a^{ing}}{C_s}$——成人每日经口摄入土壤当量，g/d；

$\dfrac{IR_c^{ing}}{C_s}$——儿童每日经口摄入土壤当量，g/d；

$\dfrac{ADE_{ca}^{ing}}{C_s}$——经口摄入致癌效应每日单位土壤暴露剂量，g/（kg·d）；

$\dfrac{ADE_{nc}^{ing}}{C_s}$——经口摄入非致癌效应每日单位土壤暴露剂量，g/（kg·d）；

4.2.4.4　HHRE 模型

HHRE（Human Health Risk Evaluation）模型是通过不同的暴露途径表征健康风险。

HHRE 模型的计算公式如下。

$$RI = \sum_{HM}\left(HQ_{ing} + HQ_{food}\right) \tag{4-157}$$

直接摄取的风险商数为

$$HQ_{ing} = C_{soil} \times \frac{SIR}{BW \times 10^{-3}} \times \frac{EF \times ED}{AT} \times \frac{1}{TDI_{ing} \times RER_{ing}} \times LURc_{ing} \tag{4-158}$$

食物链中摄取的风险商数为

$$HQ_{food} = C_{food} \times \frac{CR \times HF \times BCF}{BW} \times \frac{EF \times ED}{AT} \times \frac{1}{TDI_{food} \times RER_{food}} \times LURc_{food} \tag{4-159}$$

式中：ED——暴露时间，a；

EF——暴露频率，1/d；

SIR——土壤的摄取率；

TDI——每天可容忍的摄入量；

BW——人体体重，kg；

RER——暴露途径；

AT——平均暴露时间；

LURc——土地使用风险系数。

当 RI≤1，说明人的一生在不同的暴露途径下都不会出现健康风险；当 RI＞1，说明人在该种环境下会存在潜在的健康风险。

4.2.5　不确定性分析

4.2.5.1　不确定性来源

评估模式的不确定性：可以理解为在对健康风险进行过程评估时，不得不选用大量模式来完成该项评估工作。而不同模式可能存在的结构性错误、简化处理造成的错误以及一些具体过程中存在的条件限制以及不同模式带来的差异性结果，都会导致评估中出现模式的不确定性问题。

参数不确定性：一是由于人为操作不当，或是技术和硬件设施等方面存在的客观限制，不够对评估过程中用到的各种参数全部完成精确性的测量；二是在评估过程中因为复杂时空差异的客观存在，使得相对有限的资料信息不能够将这些差异性充分而准确地描述出来；三是一些在评估过程中需要的数据根本就不可能直接得到或不存在得到这些数据的基本条件，就一定要依据当前的科技报道或文献报告来推导。

评估变异性：可以理解为评估过程中无论是空间和时间，还是在物理和个体上出现的各种变异，或是源自人口与大族群等现实状况的各种变异等。对于前面所提到的不确定性，能够通过收集更完整、更精确的相关资料数据以及采取更符合实际需要的评估模式等方式或措施来有效避免，或采取更加广泛的测量活动或选用更加真实反映客观现实的正确资料等方式来降低这一变异性。

健康风险评价模型的不确定性：是指由于对真实过程的简化，使得错误说明模型结构、模型误用、使用不当的替代变量，即不合适的模型表达等。应将健康风险评价的范围扩大到生物层面，提出行为生态毒理学的概念，并对多种生物在不同条件（包括自然条件变化和人为影响等）下的生活习性及行为变化进行研究。

4.2.5.2　不确定性分析模型

（1）蒙特卡罗分析（Monte Carlo Analysis，MCA）

蒙特卡罗分析是利用遵循某种分布形态的随机数模拟现实系统中可能出现的各种随机现象，具体是通过概率方法表述参数的不确定性，使表征风险和暴露评价更客观。MCA 方法提供运用概率方法传播参数的不确定性,更好地表征风险和暴露评价。其分析步骤包括:①定义输入参数的统计分布;②从这些分布中随机取样;③使用随机选取的参数系列重复模型模拟;④分析输出值,得到比较合理的结果。目前大多数风险评价是基于最大合理暴露量(Reasonable Maximum Exposure,RME)的基线风险评价(Baseline Risk Assesment,BRA),该评价方法相对保守,存在很大的不确定性,保守的程度难以度量,提供给决策者的信息有限。在运用BRA 方法得到风险值为 10^{-5} 的情况下,运用 MCA 方法可以得到合理的概率分布区间,提供给决策者更多的信息。但是,MCA 的不足之处是:①评价过程复杂,需要进行大量的计算;②难以确定 MCA 本身的优劣程度。

美国国家环境保护局趋向于应用 MCA 的概率技术,研究不同概率情况下的事故发生后果,给环境风险管理者提供更为广泛的参考。概率风险评价(Probabilistic Risk Assessment,PRA)中的参数采用概率分布的形式,并从已知分布特征中随机取值进行蒙特卡罗模拟,其输出结果也是概率分布形式。

(2)泰勒简化方法

由于风险模型中输入值和输出值之间的函数关系过于复杂,不能从输入值的概率分布得到输出值的概率分布,运用泰勒扩展序列对输入的风险模型进行简化、近似,以偏差的形式表达输入值和输出值之间的关系。利用这种简化能够表达评价模型的均值、偏差以及其他用输入值表示输出值的关系。

(3)概率树方法

概率树方法来源于风险评价中的事故树分析。概率树可以表示 3 种或更多种不确定结果,其发生的概率可以用离散的概率分布定量表达。如果不确定性是连续的,在连续分布可以被离散的分布所近似的情况下,概率树方法仍然可以应用。

(4)专家判断法

专家判断法基于 Bayesian 理论,认为任何未知数据都可以看做一个随机变量,分析者可以把这个未知数据表达成概率分布的形式,把未知参数设定为特定的概率分布。从概率分布可以得到置信区间。依靠专家给出的概率进行主观的风险评估。Bayesian 理论认为个人具备丰富的专业知识,经过研究后熟悉情况,具备风险评价的信息。信息不仅来源于传统的统计模型,而且包括一些经验资料。因此,专家所提供的资料符合逻辑,主观判断具有科学性和技术性。应用该方法的第一步是组织专业领域的专家开展讨论会。

尽管健康风险评价中存在较大的不确定性,但是采用技术手段处理后能够尽量减少不确定性,给环境管理者提供有益的帮助。

4.2.6　健康风险评价报告大纲

　　健康风险评价是环境风险评价的重要组成部分，其遵循一定的评价准则和技术路线。根据《建设用地土壤污染风险评估技术导则》（HJ 25.3—2019）对健康风险评价报告的要求，焦化污染场地健康风险评估报告包括以下内容：概述（项目概况、评估范围、评估目的、评估依据、基本原则、工作方案等），焦化场地调查概况（污染物种类、污染物分布、污染物含量分析、结论和建议等），危害识别（关注污染物的确定、污染源分析、暴露人群等），暴露评估（暴露途径分析、暴露模型选取、模型参数确定、暴露量的计算等），毒性评估（致癌物质的效应评估、非致癌物质毒性效应等），风险表征（风险评估模型、风险评估参数、风险评估、不确定性分析、风险控制值确定等），评价结论与建议等内容。

第5章
焦化污染场地修复与风险管控技术

《中华人民共和国土壤污染防治法》要求对土壤污染实施风险管控和修复。土壤污染风险管控和修复包括土壤污染状况调查和土壤污染风险评估、风险管控、修复、风险管控效果评估、修复效果评估、后期管理等活动。由此可见，在土壤污染风险管控和修复措施中，"风险管控"和"修复"是实现建设用地安全利用的两种主要手段。

风险管控主要针对土壤污染风险的暴露途径采取截断措施，或针对风险的受体开展保护措施。风险管控的特点在于其不是以削减风险源中有害物质的总量为主要目标，而是重点控制风险源对周边生态环境的危害。由于土壤污染治理修复难度相对较大，而污染物的迁移能力相对较低，对公众健康和生态环境的暴露途径也相对可控，因此风险管控手段是土壤污染防治的特色手段和有效手段，在世界范围内已得到了广泛的应用。对于建设用地而言，风险管控主要是指通过采取隔离、阻断等措施，防止污染进一步扩散。设立标志和标识，划定管控区域，限制人员进入，防止人为扰动，通过用途管制，规避随意开发带来的风险[74]。

修复是指针对风险源主动采用物理的、化学的、生物的工程技术手段，不可逆地削减有害物质的总量或释放强度，起到在相对较短时间内消除或显著降低污染风险的治理活动。修复活动主要的特点：一是针对风险源，例如含有大量污染物的土壤或地下水；二是采用主动干预的技术手段，包括开挖修复、地下注入药剂等异位、原位实施方式；三是以削减污染源中的有害物质总量或释放强度为目的，例如采用热脱附技术从污染土壤中去除高浓度有机污染物，或采用固化/稳定化的方式使重金属污染土壤形成固化体，降低污染物向地下水的淋滤；四是不可逆性，即需要实现污染物的降解或稳定转化为低毒、低迁移性的形态；五是修复通常需要在较短时间内达到修复目标（此处的"较短时间"是个相对概念，如氯代烃污染地下水的原位生物修复，可能需要多年的时间）。

5.1 焦化污染场地土壤修复技术

焦化污染场地修复技术是指可用于消除、降低、稳定或转化土壤中目标污染物的各种处理、处置技术，包括可改变污染物结构，降低污染物毒性、迁移性或数量与体积的各种物理技术、化学技术或生物技术。按照处置地点，可分为原位修复技术和异位修复技术。但在实际应用过程中，国内目前土壤修复使用比较成熟的技术主要是异位修复技术，原位修复技术大都仍处于试验和试点示范阶段。针对焦化污染场地土壤修复主要应用热修复技术（热脱附技术和水泥窑处理技术）。尽管异位修复技术快速、高效，但未实现对场地的完全修复，并且修复技术不符合绿色可持续发展理念。近年来，国内对原位修复技术中的氧化还原修复技术、化学淋洗技术及传统微生物修复技术等有了一定的工程示范和场地修复规模化应用，但由于相关的工程应用经验比较缺乏，总体修复效果不是很理想。

5.1.1 热修复技术

热修复是通过直接或间接热交换，将污染介质及其所含的有机污染物加热到足够的温度，使有机污染物从污染介质挥发或分离的过程。热修复技术适用于处理土壤中的挥发性有机物、半挥发性有机物、农药、高沸点氯代化合物，不适用于处理土壤中的重金属、腐蚀性有机物、活性氧化剂和还原剂等。

5.1.1.1 热脱附技术

（1）技术简介

热脱附技术是指通过直接或间接热交换，将土壤中的污染物加热到足够的温度后，污染物从土壤中挥发，达到目标污染物与土壤颗粒分离的目的，然后使用载气或真空系统，将挥发的有机物扫入尾气处理系统进行二次处置或场外处置。热脱附是一个热分离过程，土壤种类、土壤粒径、土壤中污染物的初始浓度、土壤的含水率、载气流量、载气的种类、升温速率等物理指标会影响其脱附效果。

（2）技术分类

原位热脱附是向地下输入热能，加热土壤、地下水，改变目标污染物的饱和蒸气压及溶解度，促进污染物挥发或溶解，并通过土壤气相抽提或多相抽提实现去除目标污染物的处理过程。按照加热方式的不同，原位热脱附通常分为热传导加热、电阻加热及蒸汽加热。热传导加热是热量通过传导的方式由热源传递到污染区域，从而加热土壤和地下水的处理过程。可以通过电能直接加热的方式对加热井进行加热，也可以通过燃气等能源产生的高温热烟气等介质对加热井进行加热。电阻加热是将电流通过污染区域，通过电流的热效应加热土壤和地下水的处理过程，也称为电流加热。蒸汽加热是通过将高温水蒸气注入污染区域，加热土壤、地下水，从而强化目标污染物抽提效果的处理过程[75]。

异位热脱附是将污染土壤从地块中发生污染的位置挖掘出来，转移或搬运到其他场所或位置，采用加热处理的方式将污染物从污染土壤中挥发去除的过程。按照加热方式的不同，分为直接热脱附和间接热脱附。直接热脱附是热源通过直接接触对污染土壤进行加热，将污染物从土壤中挥发去除的处理过程。间接热脱附是热源通过热传导或加热介质间接对污染土壤进行加热，将污染物从土壤中挥发去除的处理过程[76]。

（3）适用范围

原位热脱附技术可用于污染土壤和地下水中苯系物、石油烃、卤代烃、多氯联苯、二噁英等挥发性有机污染物和半挥发性有机污染物的治理。热脱附技术加热方法分类见表5-1。

表5-1　热脱附技术加热方法分类

加热方式	最高温度	适合土质	适用条件	不适用条件
热传导加热	750～800℃	粉砂、粉土、壤土、黏土、基岩裂隙	①适用于各种地层，特别是低渗透及均质性差的污染区域的修复；②适用于挥发性有机物、石油类等半挥发性有机物、农药、二噁英以及多氯联苯等；③可以实现定深加热或不同深度分段加热	地下水流速较大的污染区域通常需要进行阻隔
电阻加热	100～120℃	粉砂、粉土、壤土、黏土	①适用于各种地层的污染区域的修复，特别是低渗透性污染区域的修复；②适用于挥发性有机物、含氯有机物和石油类等半挥发性有机物	①不适用于基岩和裂隙等地质状况；②地下有绝缘体构筑物时，对修复效果影响较大；③土壤含水率过低时，需要进行补水；④地下水流速较大的污染区域通常需要进行阻隔

续表

加热方式	最高温度	适合土质	适用条件	不适用条件
蒸汽加热	170℃	沙砾、砂土、粉砂	①适用于渗透性较好的地层；②适合对挥发性有机物污染源区及污染程度重的区域进行修复	①不适用于渗透系数较小（<10⁻⁴ cm/s）的区域；②不适用于地层均质性差的污染区域；③污染深度浅及污染范围大时，由于热量损失过大及蒸汽注入压力受限，限制应用；④地下水流速较大的污染区域通常需要进行阻隔

异位热脱附技术适用于修复受到挥发性有机物、半挥发性有机物、有机农药类、石油烃类、多氯联苯、多溴联苯和二噁英类等污染的土壤，也适用于修复汞污染土壤。

直接热脱附处理土壤中污染物的含量不宜超过 4%；间接热脱附处理土壤中污染物的含量不宜超过 60%；有机污染土壤污染物含量低且修复方量较大时，宜采用直接热脱附；有机污染土壤修复方量较小时，宜采用间接热脱附；汞污染土壤宜采用间接热脱附。

5.1.1.2　水泥窑协同处置技术[77]

（1）技术原理

利用水泥回转窑内的高温、气体长时间停留、热容量大、热稳定性好、碱性环境、无废渣排放等特点，在生产水泥熟料的同时，焚烧固化处理污染土壤。有机物污染土壤从窑尾烟气室进入水泥回转窑，窑内气相温度最高可达 1 800℃，物料温度约为 1 450℃，在水泥窑的高温条件下，污染土壤中的有机污染物转化为无机化合物，高温气流与高细度、高浓度、高吸附性、高均匀性分布的碱性物料（CaO、$CaCO_3$ 等）充分接触，有效地抑制酸性物质的排放，使得硫元素和氯元素等转化成无机盐类固定下来；重金属污染土壤从生料配料系统进入水泥窑，使重金属固定在水泥熟料中。

（2）技术分类

按照进料方式的不同，水泥窑协同处置可分为原材料替代（生料配料系统进料）及高温焚烧（窑尾烟气室进料）。

原材料替代是将重金属污染土壤与水泥厂生产原材料经过配伍后，随生料一起进入生料磨，经过预热后进入水泥窑系统内煅烧，污染土壤中的重金属被固定在水泥熟料晶格内。

高温焚烧是将有机污染土壤经过预处理后，通过密闭输送系统，将污染土壤输送至窑尾烟气室，污染土壤进入水泥窑系统煅烧，污染土壤中的有机物在高温下转化为无机化合物。

（3）适用范围

可处理的污染物类型为有机污染物及重金属。应用限制条件：不宜用于汞、砷、铅等污染较重的土壤；由于水泥生产对进料中氯元素、硫元素等的含量有限值要求，在使用该技术时需慎重确定污染土壤的添加量。

5.1.1.3　常温解吸技术

（1）技术原理

常温解吸技术是利用土壤中有机污染物易挥发的特点，在常温下通过专业土壤解吸机械设备（如土壤改良机、翻抛机和筛分斗等）对污染土壤进行机械扰动，必要时添加一定比例的修复药剂以增加土壤的温度，同时增加土壤的孔隙度，使吸附于污染土壤颗粒内的挥发性有机物解吸和挥发，并最终通过密闭车间配备的通风管路及尾气处理系统得以去除。

（2）适用范围

适合处理低浓度、易挥发的污染物，包括挥发性无机物（如氨氮等）、挥发性有机物（如苯、甲苯、氯苯等）。

目前大量的实际应用表明，常温解吸技术的修复效果不仅与修复工艺有关，还与其场地污染物的性质、土壤类型、土壤含水量及当地气温有密切关系。污染物挥发性越强、土壤黏性越小、含水量越低、气温越高，修复效果越好。反之，其修复效果越差，并将产生明显的拖尾现象。

（3）土壤添加剂

常温解吸过程中，一般根据需要，采用专业常温解吸设备（如土壤改良剂等的混合设备），添加一定比例的修复添加剂，使其与污染土壤充分接触、均匀混合，作业过程中始终开启通风及尾气处理系统。添加修复添加剂的目的是：一方面通过脱去土壤中一部分水分，改善土壤颗粒分散性能，有利于污染物从土壤颗粒表面解吸；另一方面，修复添加剂的加入与混合提高了土壤的温度，从而提高了土壤中所含有机污染物的蒸气压，增加了土壤中挥发性污染物的解吸速率，促进了挥发性污染物在常温下的挥发。

5.1.2 氧化技术

5.1.2.1 化学氧化技术

（1）技术原理

利用氧化剂的氧化性或者其分解产生的自由基的强氧化性，破坏有机污染物的分子结构，从而达到去除有毒有害物质的效果。目前常见的化学氧化法有 Fenton 法、类 Fenton 法、H_2O_2 氧化法、O_3 氧化法、高锰酸盐氧化法和过硫酸盐氧化法等[78]。

（2）技术分类

按照氧化剂添加方式的不同，化学氧化通常分为原位化学氧化和异位化学氧化。

原位化学氧化通过注药设备，在原位将氧化药剂注入土壤或地下水污染区域，使药剂与污染介质发生氧化作用，从而降低或消除污染物的毒性。常见的加药方式有建井注射、直推注射、高压旋喷注射、原位搅拌等。

异位化学氧化将污染土壤清挖转运至异位修复区域，通过修复机械将氧化药剂与污染土壤混合、搅拌，充分反应以降低或消除污染物的毒性。按照搅拌方式的不同，异位化学氧化通常分为机械腔体内部搅拌和反应池或反应堆外部搅拌两类。

（3）适用范围

化学氧化适用于处理污染土壤和地下水中的大部分有机污染物，如石油烃、酚类、苯系物（苯、甲苯、乙苯、二甲苯）、含氯有机溶剂、多环芳烃、甲基叔丁基醚、部分农药等，亦可用于部分无机污染物（如氰化物）。

化学氧化不适用于重金属污染土壤的修复。对于吸附性强、水溶性差的有机污染物，应考虑必要的增溶、洗脱方式；对偏高浓度有机污染土壤，考虑经济性，不建议采用该技术。

（4）药剂种类

① Fenton 法。

Fenton 法主要是通过亚铁离子与过氧化氢反应生成自由基来降解有机污染物。在反应中，将 H_2O_2 溶液和含有 Fe^{2+} 的溶液混合，该反应首先通过 H_2O_2 的分解产生·OH，然后·OH 和有机污染物反应，将其分解为较小分子量的有机物，并通过进一步反应，将有机污染物矿化为对环境无害的 CO_2 和 H_2O。该修复法具有氧化反应速率快、设备安装简便、修复效率高等优点，缺点是 H_2O_2 消耗量大且难以充分利用，并且在 pH 为 2.0～6.0 之间的酸性条件下才具有明显的活性等[79-80]。

②类 Fenton 法。

类 Fenton 是指利用含铁的针铁矿、磁铁矿等无机材料或有机材料或者 Fe^{3+} 的盐溶液等代替 Fenton 试剂中所使用的 Fe^{2+} 来分解 H_2O_2，产生的·OH 和有机污染物反应，将其分解为较小分子量的有机物，并通过进一步反应，将有机污染物矿化为对环境无害的 CO_2 和 H_2O。此修复法具有更高的污染物降解效率，而且还具有循环催化效果以及对 pH 适应范围更广等优点，其不足之处为 H_2O_2 消耗量大的问题依然存在。戚惠民对类 Fenton 化学氧化修复多环芳烃污染的研究表明：以柠檬酸为催化助剂的类 Fenton 化学氧化能够有效地处理污染土壤中的苯并（a）蒽、苯并（a）芘、苯并（b）荧蒽和茚并（1,2,3-cd）芘等超标污染物，并且修复后土壤的各项物理指标相比修复前变化较小[81]。

③H_2O_2 氧化法。

H_2O_2 是一种强氧化剂，由于自身分解产生的·OH 具有非选择性的强氧化性能，可与有机污染物反应，从而达到去除污染物的效果。此氧化法对土壤酸碱度和土壤类型要求较低，能适用于大多数 PAHs 污染土壤的修复，并且能将有机污染物矿化为对环境无害的 CO_2 和 H_2O。不足之处为 H_2O_2 的稳定性差，易分解。

④O_3 氧化法。

O_3 本身具有极强的氧化性，在水相氧化污染物的过程中会发生链式自分解反应，并产生·OH，在去除无机污染物和有机污染物方面均有良好的效果。尤其对低挥发性和不挥发性有机污染物的处理更是表现出巨大的潜力，对难降解有机物的降解能力较强。该氧化修复法在修复过程中需要有空隙，使得 O_3 流动、与污染物接触，因此在实际应用过程中，此法在砂质类污染土壤修复中会表现出更明显的修复效果。

⑤高锰酸盐氧化法。

该法主要利用高锰酸根离子（MnO_4^-）与各阳离子组成的具有强氧化性的盐类对土壤中污染物进行降解，具有操作简单、适用范围广、修复效率高等优点。缺点是应用高锰酸盐进行土壤修复时，若投加过量，则会导致土壤板结，并且还会增加土壤中 Mn 的含量，从而可能对地下水造成污染。Brown 等采用浓度为 160 mmol/L 的高锰酸钾（$KMnO_4$）分别处理含苯并（a）芘、芘、菲、蒽、荧蒽的污染土壤，经 30 min 反应后，其去除率分别为 72.1%、64.2%、56.2%、53.8%、13.4%，这是由于污染物的结构和苯环数不同，造成了彼此间性质的差异，因此 $KMnO_4$ 对不同的 PAHs 表现出不同的降解效果[82]。

⑥过硫酸盐氧化法。

过硫酸盐包括过一硫酸盐和过二硫酸盐，两者都属于 H_2O_2 衍生物，分子结构中都含有 O—O 键。H_2O_2 分子中的 1 个 H 被 SO_3 取代生成过一硫酸（PMS），其盐形式的代表为单过氧硫酸氢钾（$KHSO_5$）；H_2O_2 分子中 2 个 H 被 SO_3 取代则生成过二硫酸，其盐形式的代表有过硫酸钠和过硫酸钾。过硫酸盐稳定性好，其稳定性远大于 O_3 和 H_2O_2，有利于修复过程中传质过程的进行，从而提高修复效率。翟宇嘉通过试验研究，得到了过硫酸盐类氧化剂的活化方式和添加量等参数，并通过工程实施结果表明：土壤中 4 种目标污染物［苯并（a）蒽、苯并（b）荧蒽、苯并（a）芘、二苯并（a,h）蒽］的去除率均在 90% 以上，全部达到了修复目标值[83]。

5.1.2.2　其他氧化技术

（1）光催化氧化法

该法是利用光辐射作用，刺激光催化剂表面产生活性自由基，从而降解有机污染物的修复技术方法，该技术具有净化彻底和绿色环保等优点[84]，目前常用的光催化剂有 TiO_2、ZnO、α-Fe_2O_3、ZnS 和 CdS 等。该方法的机理主要是利用光照后产生的·OH 与多环芳烃反应生成羟基取代物 $(OH)_x$—PAH，羟基取代物在脱氢作用下形成中间产物醌类物质（如蒽醌和菲醌），随后再进一步发生开链、加氢和脱水等反应，最终污染物被分解和净化。近年来，由于光催化氧化法具有反应条件温和、绿色无污染等优点，已应用于土壤修复领域，但由于紫外光的吸收范围较窄、光能利用率较低、能耗高，修复效果不理想。

（2）声化学修复法

该法是利用超声波辐射提高化学反应效率和产率的技术方法，其在环境污染修复中的应用被称为声化学修复技术。目前声化学修复机理的解释存在热点理论、电学理论、等离子体放电理论以及超临界理论 4 种不同的理论；在这些理论中，主要的原理是形成的高温高压环境促使水分子裂解成·OH 和·H，这些自由基能促进污染物的氧化还原反应，从而达到消除污染物的效果。使用该技术降解污染物具有设备简单、操作容易、适用范围广等优点，但该方法并不经济，存在能耗大、运行成本高、降解不彻底等问题[78]。

5.1.3　气提技术

气提技术是指利用物理方法，通过降低土壤孔隙的蒸气压，把土壤中的污染物转化为气体形式并加以去除的技术，可分为原位土壤气提技术、异位土壤气提技术和多相气提技术。气提技术适用于地下含水层以上的包气带土壤；多相气提技术适用于包气带以下含水层。该技术适用于高挥发性化学污染土壤的修复。另外，由于原位蒸汽抽提技术在实施时向土壤中连续引入空气流，促进了土壤中一些低挥发性有机物的生物好氧降解过程[85]。

5.1.3.1 气相抽提技术

（1）技术原理

通过在不饱和土壤层中布置抽气井，利用真空泵产生负压，驱使空气流通过污染土壤的孔隙，解吸并夹带有机污染物流向抽气井，最终在地上进行污染尾气处理，从而使污染土壤得到净化。通过抽提系统收集到地面的废气经气水分离处理后，对得到的尾气、冷凝水、废油分别进行处置。尾气处理通常采用活性炭吸附法或催化燃烧法。蒸汽处理单元的处理能力要同时满足预期的最大蒸汽产生量、最高污染物负荷和尾气、废水排放限值要求[85]。

（2）技术分类

按照修复区土壤是否开挖，土壤气相抽提技术通常分为原位土壤气相抽提技术和异位土壤气相抽提技术。前者是将抽气井直接布设于非饱和土壤修复区内。后者是将污染土壤挖掘出来，转移到其他场所、制成堆体，在土壤堆体中布置抽气井。

（3）适用范围

可用于处理挥发性有机污染物和某些燃料。可处理的污染土壤应具有质地均一、渗透能力强、孔隙度大、湿度小和地下水水位较深的特点。对低渗透性的土壤难以采用该技术进行修复处理。

（4）技术特点

多数情况下，污染土壤中需要安装若干空气注射井，通过真空泵引入可调节气流。此技术可操作性强，处理污染物范围宽，可由标准设备操作，不破坏土壤结构以及对回收利用废弃物有潜在价值。土壤理化特性（有机质含量、湿度和土壤空气渗透性等）对土壤气相抽提修复技术的处理效果有较大影响。地下水水位太高（地下1~2 m）会降低土壤气相抽提的效果。对排出的气体需要进行进一步的处理。黏土、腐殖质含量较高或本身极其干燥的土壤，由于其本身对挥发性有机物的吸附性很强，采用原位土壤气体抽提技术时，污染物的去除效率很低。

5.1.3.2 多相抽提技术

（1）技术原理

通过真空抽提设备将污染区域的气体和液体（包括土壤气体、地下水和非水相液体）同时从地下抽出至地上处理，达到迅速控制并同步修复土壤与地下水污染的目的。对抽出的气体、液体或气液混合物，在地面处理系统中通过气液分离器、非水相液体－水分离器进行多相分离。对分离后气体中污染物，可采用热氧化法、催化氧化法、吸附法、浓缩法、生物过滤及膜法过滤等方法处理；对污水，采用膜法、生化法和物化法处理；分离得到的非水相液体及产生的废活性炭一般作为危险废物处理[86]。

（2）技术分类

按照抽提方式的不同，多相抽提系统通常分为单泵抽提系统和双泵抽提系统。

单泵抽提系统是通过真空设备来同时完成土壤气体、地下水和非水相液体的抽提，抽提出的气液混合物经地面气液分离设施分离后进入各自的处理单元，并经处理达标后排放。系统主要由抽提管路、真空泵（如液体环式泵、射流泵等）组成。单泵抽提系统结构简单，适用于相对较低渗透性的场地，通常修复深度在地下10 m以内。

双泵抽提系统同时配备了提升泵与真空泵，分别抽提地下水及非水相液体和土壤气体。抽提井内设置了液体管路和气体管路两条管路，抽提出的液相物质和气相物质分别进入各自的处理单元，并经处理达标后排放。双泵抽提系统对渗透性相对较高的场地同样适用，修复深度可达地下10 m以下。

（3）适用范围

多相抽提技术适用于污染土壤和地下水中的苯系物类、氯代溶剂类、石油烃类等挥发性有机物的处理，特别适用于处理易挥发、易流动的高浓度及含有非水相液体的有机污染场地。不宜用于渗透性差或者地下水水位变动较大的场地。多相抽提技术适用场地相关参数见表5-2。

表5-2　多相抽提技术适用场地相关参数

关键参数		单位	适宜范围
场地参数	渗透系数（K）	cm/s	$10^{-5} \sim 10^{-3}$
	渗透率	cm^2	$10^{-10} \sim 10^{-8}$
	导水系数	cm^2/s	< 0.72
	空气渗透性	cm^2	$< 10^{-8}$
	地质环境	—	砂土到黏土
	土壤异质性	—	均质
	污染区域	—	包气带、饱和带、毛细管带
	包气带含水率	—	较低
	地下水埋深	ft	> 3
	土壤含水率（饱和持水量）（生物通风）	%	$40 \sim 60$
	氧气含量（好氧降解）	%	> 2

续表

关键参数		单位	适宜范围
污染物性质	饱和蒸气压	mmHg	0.5～1
	沸点	℃	250～300
	亨利系数	量纲一	>0.01（20℃）
	土－水分配系数	mL/g	适中
	低密度非水相液体厚度	cm	>15
	非水相液体黏度	cP	<10

注：1 ft=0.304 8 m；1 mmHg=1.333 22×10^2 Pa；1 cP=10^{-3} Pa·s。

5.1.4　淋洗技术

5.1.4.1　技术原理

该技术是借助能促进土壤环境中污染物溶解或迁移作用的溶剂，通过水力压头推动清洗液，将其注入被污染土层中，然后将包含污染物的液体从土层中抽提出来，进行分离和污水处理的技术，可分为原位化学淋洗技术和异位化学淋洗技术[85]。

对泥浆固液分离后的滤液，采用混凝沉淀、催化氧化、活性炭吸附等工艺处理后回用；对重金属污染泥饼，采用固化/稳定化工艺处理，对有机物污染泥饼，采用热脱附或水泥窑处理。

5.1.4.2　技术分类

原位土壤淋洗是根据污染物分布的深度，使淋洗液在重力或外力作用下流过污染土壤，使污染物从土壤中迁移出来，并利用抽提井或采用挖沟的办法收集洗脱液。洗脱液中污染物经合理处理后，淋洗液可以进行回用或达标排放，处理后的土壤可以再安全利用。

异位土壤淋洗是采用物理分离或增效淋洗等手段，通过添加水或合适的增效剂，分离重污染土壤组分或使污染物从土壤相转移到液相的技术。经过淋洗处理，可以有效地减少污染土壤的处理量，实现减量化。

5.1.4.3　适用范围

原位化学淋洗技术适用于水力传导系数大于 10^{-3} cm/s 的多孔隙、易渗透的土壤，如砂土、砂砾土壤、冲积土和滨海土，不适用于红壤、黄壤等质地较细的土壤；异位化学淋洗技术适用于土壤黏粒含量低于 25%，被重金属、放射性核素、石油烃类、挥发性有机物、多氯联苯和多环芳烃等污染的土壤。

5.1.4.4　技术特点

清洗液可以是清水，也可以是包含冲洗助剂的溶液。冲洗剂主要有无机冲洗剂、人工螯合剂、阳离子表面活性剂、天然有机酸、生物表面活性剂等。无机冲洗剂具有成本低、效果好、速度快等优点，但用酸冲洗污染土壤时，可能会破坏土壤的理化性质，使大量土壤养分淋失，并破坏土壤微团聚体结构。人工螯合剂价格昂贵，生物降解性差，且冲洗过程易造成二次污染。在处理质地较细的土壤时，需多次清洗才能达到较好效果。低渗透性的土壤处理困难，表面活性剂可黏附于土壤中，降低土壤孔隙度，冲洗液与土壤的反应可降低污染物的移动性。较高的土壤湿度、复杂的混合污染以及较高的污染物浓度会使处理过程更加困难。冲洗废液时如控制不当会产生二次污染，因此需回收处理。

5.1.4.5　研究进展

表面活性剂淋洗法主要利用表面活性剂亲水性和疏水性基团增加有机污染物在水中溶解度的原理，对受多环芳烃污染的土壤进行淋洗。该方法对受污染程度高、生物可利用性差的土壤有较好的适用性。为了解决该技术修复效率不高、活性剂不易生物降解、二次污染等问题，近年来，花生油、葵花油及生物柴油常被用作土壤修复表面活性剂。孙翼飞等在表面活性剂中加入了植物油及生物柴油，混合乳化形成淋洗剂，淋洗被多环芳烃污染的土壤，研究结果表明：生物柴油比植物油更有效地去除污染土壤中的 PAHs，生物柴油的淋洗剂去除率为 58.00%，其他几种植物油对 PAHs 的去除率为 30.00%～50.00%[87]。

5.1.5　固化／稳定化技术

5.1.5.1　技术原理

固化／稳定化技术是一种通过添加固化剂或稳定剂，将土壤中的有毒有害物质固定起来，或者将污染物转化成化学性质不活泼的形态，阻止其在环境中的迁移和扩散过程，从而降低其危害的修复技术。固化／稳定化技术在工作原理和作用特点上各有不同，但在实践中经常搭配使用，是两个密切关联的过程。固化处理是将惰性材料（固化剂）与污染土壤完全混合，使其生成结构完整、具有一定尺寸和机械强度的块状密实体（固化体）的过程；稳定化处理是将化学添加剂与污染土壤混合，改变污染土壤中有毒有害组分的赋存状态或化学组成形式，从而降低其毒性、溶解性和迁移性的过程。固化处理的目的在于改变污染土壤的工程特性，即增加土壤的机械强度，减少土壤的可压缩性和渗透性，从而降低污染土壤处置和再利用过程中的环境与健康风险；稳定化处理的目的在于降低污染土壤中有毒有害组分的毒性（危害性）、溶解性和迁移性，即将污染物固定于支持介质或添加剂上，以此降低污染土壤处置和再利用过程中的环境与健康风险[85]。

5.1.5.2　技术分类

按照固化/稳定化技术施工过程是否挖掘土壤，可分为原位固化/稳定化和异位固化/稳定化。

异位固化/稳定化适用于修复浅层污染土壤或大型机械无法进入的小型污染地块，且由于其能较好控制黏合剂的添加和混合质量，修复效果往往较为理想，不足之处是需要开挖污染土壤、暂存土壤、转运土壤和对污染土壤进行前处理（如破碎和筛分），这些过程会造成扬尘和噪声，甚至挥发物释放等环境影响，且修复完成后还需回填或处置土壤，并对土壤进行压实与覆盖等操作，修复成本较高。

原位固化/稳定化适用于深层及大面积污染土壤的治理与修复，其通过开凿或钻孔机械，将黏合剂与受污染土壤原地直接混合，操作环节相对异位修复要少，对环境造成二次污染的风险也较小，并可显著降低污染土壤的治理与修复成本，但局限性在于难以有效治理黏稠度较大的土壤，容易受到地下障碍物（如碎石瓦砾等）和地层结构变化的影响，常因混合搅拌不够均匀而降低修复效果与质量，修复单元间对接不充分会形成污染土壤"夹层"，修复后土壤体积增容改变地面形状，操作过程对地面承载力和地块面积有一定的要求等。

5.1.5.3　适用范围

固化/稳定化技术既适用于处理无机污染物，也适用于处理部分有机污染物。对许多无机物和重金属污染土壤，如无机氰化物（氢氰酸盐）、石棉、腐蚀性无机物以及砷、镉、铬、铜、铅、汞、镍、硒、锑、铀和锌等污染的土壤，均可采用固化/稳定化技术进行有效治理与修复，而有机污染土壤中适用或可能适用的污染物类型包括有机氰化物（腈类）、腐蚀性有机化合物、农药、石油烃（重油）、多环芳烃（PAHs）、多氯联苯（PCBs）、二噁英、呋喃等，但对卤代挥发性化合物和非卤代挥发性化合物一般不适用（除非进行了特殊的前处理）。此外，由于有机污染物往往对水硬性胶凝材料的固结化作用有干扰效应，因此在实践中，固化/稳定化技术更多用于无机污染土壤的治理与修复。

5.1.5.4　固化/稳定化材料

常用的固化技术包括水泥固化、石灰/火山灰固化、塑性材料固化、有机聚合物固化、自胶结固化、熔融固化（玻璃固化）和陶瓷固化等；常用的稳定化技术包括 pH 控制技术、氧化还原电位控制技术、沉淀与共沉淀技术、吸附技术、离子交换技术等。

常见的固化剂（胶凝材料）包括无机黏合物质（如水泥、石灰等）、有机黏合剂（如沥青等热塑性材料）、热硬化有机聚合物（如酚醛塑料和环氧化物等）和玻璃质物质等；常见的稳定剂（添加剂）包括磷酸盐、硫化物、铁基材料、黏土矿物、微生物制品（剂）或上述材料的复合混配制品（剂）等。固化/稳定化施工建设过程使用的重型机械和装备一般包括挖掘机、推土机、搅拌机、灌浆机、喷浆机、螺旋钻机以及其他辅助设备（如防尘罩）等。

5.1.6　生物修复技术

生物修复技术是利用广泛存在的生物（主要包括微生物、植物等）的生物代谢、分解污染物能力，使污染物的浓度降低到可接受水平的环境污染治理技术。生物修复技术依据修复生物方式，包括植物修复、微生物修复及微生物 - 植物的综合运用。生物修复技术根据工程修复位置分为两类：原位生物修复和异位生物修复。原位生物修复是在污染物原地进行生物修复处理，其修复过程主要依赖于土著微生物或外源微生物的降解能力和合适的降解条件。异位生物修复是将被污染土壤或水体通过挖掘或抽提方式运输到其他地方进行的生物修复处理，一般受污染土壤较浅或污染场地化学特性阻碍原位生物修复时采用异位生物修复。

5.1.6.1　微生物修复

（1）生物堆技术

①技术原理：对污染土壤堆体采取人工强化措施，促进土壤中具备污染物降解能力的土著微生物或外源微生物的生长，降解土壤中的污染物[85]。

②适用范围：a. 可处理石油烃等易生物降解的有机物；b. 不适用于重金属、难降解有机污染物污染土壤的修复，黏土类污染土壤修复效果较差。

③技术特点：在堆起的土层中铺有管道，提供降解用水或营养液，并在污染土层以下设多孔集水管，收集渗滤液。生物堆底部设进气系统，利用真空或正压进行空气的补给。系统可以是完全封闭的，内部的气体、渗滤液和降解产物都经过诸如活性炭吸附、特定酶的氧化或加热氧化等措施处理后才可排放，而且封闭系统的温度、湿度、营养物、氧气和 pH 均可调节以增强生物的降解作用。在生物堆的顶部需覆盖薄膜，控制气体和挥发性污染物的挥发和溢出，并能加强太阳能热力作用，从而提高处理效率。生物堆是一种短期技术，修复时间一般持续几周到几个月。

（2）生物通风技术

①技术原理：生物通风法是一种强迫氧化的生物降解方法，即在受污染土壤中强制通入空气，强化微生物对土壤中有机污染物的生物降解，同时将易挥发的有机物一起抽出，然后对排出气体进行后续处理或直接排入大气中[85]。

②技术特点：一般在用通气法处理土壤前，首先应在受污染土壤上打两口以上

的井，当通入空气时，先加入一定量的氮气作为降解细菌生长的氮源，以提高处理效果。与土壤气相抽提相反，生物通风使用较低的气流速度，只提供足够的氧气以维持微生物的活动。氧气通过直接注入供给土壤中的残留污染物。除了降解土壤中吸附的污染物以外，在气流缓慢地通过生物活动土壤时，挥发性有机物也得到了降解。生物通风是一种中期到长期的技术，修复时间从几个月到几年。

③适用范围：此技术对被石油烃、非氯化溶剂、某些杀虫剂、防腐剂和其他一些有机化学品污染的土壤的处理效果良好。此法常用于地下水层上部透气性较好但被挥发性有机物污染的土壤的修复，也适用于结构疏松多孔的土壤，以利于微生物的生长繁殖。

5.1.6.2　植物修复

植物修复利用植物对有机污染物的直接吸收、降解、固化作用。一般来讲，植物修复中有以下几种过程：一是直接吸收，通过植物体本身直接吸收、提取、转运或转化为非毒性代谢物，累积于植物组织；二是通过生物酶作用降解污染物，植物生理过程中可分泌漆酶、脱卤酶、硝基还原酶、腈水解酶和过氧化物酶等，这些酶对土壤中的污染物有降解作用；三是与根际微生物的联合作用，植物茂盛的根系为微生物的生长繁殖提供了一定空间，有助于微生物的种类及数量增加，此外根系分泌的一些物质也可能增加污染物的降解率。

（1）技术原理

利用植物的提取、根际滤除、挥发和固定等方式，移除、转变和破坏土壤中的污染物，使污染土壤恢复其正常功能。目前国内外对植物修复技术的研究和推广应用多数侧重于重金属元素，因此狭义的植物修复技术主要指利用植物清除污染土壤中的重金属[85]。

（2）适用范围

可处理的污染物类型为重金属与类金属（如砷、镉、铅、镍、铜、锌、钴、锰、铬、汞等）以及特定的有机污染物（如石油烃、五氯酚、多环芳烃等）。

应用限制条件：不适用于未找到修复植物的重金属，也不适用于特定之外的有机污染物（如六六六、滴滴涕等）污染土壤的修复；植物生长受气候、土壤等条件影响，本技术不适用于污染物浓度过高或土壤理化性质严重破坏，从而不适合修复植物生长的土壤。

5.1.6.3　植物-微生物联合修复

植物-微生物联合修复技术是将植物修复和微生物修复的优点结合，促进植物根际圈有机污染物的降解。即植物根系为土壤中微生物提供适宜的生长环境，从而增强其活性；而微生物对污染物的降解给植物带来了生长过程中所需的各类营养元素[85]。目前，两者的联合修复机理研究主要包括以下几个方面。

根系分泌物和植物残体对降解微生物的刺激强化作用：植物通过根系释放一些酶及一些有机酸到土壤中，这些酶和有机酸与脱落的根冠细胞一起为根区微生物提供重要的营养物质，可刺激根区微生物活性，而且还为有机污染物共代谢提供大量的共代谢基质，从而有利于土壤中有毒化学物质的降解。

植物根际分泌物和根系活动对土壤有机污染物的活化作用：有机污染物进入土壤后，随着与土壤接触时间的延长，转化为难利用状态，使其生物可利用性下降，发生老化锁定现象。这时由于根系分泌物的作用，根际有较高浓度的碳水化合物、氨基酸、维生素和其他生长因子。这些分泌物会将土壤中锁定的污染物从土壤表面分离开来，进而便于微生物对污染物进行有效降解，从而提高微生物降解效率。

菌根菌强化植物根际（根-土界面）的矿化作用：植物根区的菌根菌与植物形成共生作用，植物为菌根菌提供定居场所，菌根菌能活化土壤养分特别是有机磷化物、无机磷化物，供植物利用。两者之间通过独特的酶途径，降解不能被细菌单独转化的有机物。毛健等研究了土壤菌群和高羊茅、紫花苜蓿、三叶草的联合作用对多环芳烃的降解；结果表明，微生物和植物的联合修复作用增大了土壤中多环芳烃的的降解率[88]。刘鑫等的研究表明，降解菌株＋紫花苜蓿联合降解多环芳烃的效果明显优于只种紫花苜蓿或只接种菌株，且对多环芳烃不同组分的降解效果大小顺序为3环＞2环＞4环＞6环＞5环[89]。

5.1.7　电动力学修复技术

5.1.7.1　技术原理

电动力学修复技术利用插入土壤中的两个电极，在污染土壤两端加上低压直流电场，在电化学和电动力学的复合作用下，水溶的或吸附在土壤颗粒表层的污染物因所带电荷的不同而向阴阳电极移动，使污染物在电极附近富集或被回收利用，从而达到清洁土壤的目的[85]。

5.1.7.2　技术特点

污染物的去除过程主要涉及4种电动力学现象，即电迁移、电渗析、电泳和酸性迁移带。电动力学修复技术进行土壤修复主要有两种应用方法：一是原位修复，直接将电极插入受污染土壤，污染修复过程对现场的影响最小；二是序批修复，污染土壤被输送至修复设备分批处理。电极需要采用惰性物质，如碳、石墨、铂等，避免金属电极电解过程中的溶解和腐蚀作用。电动力学修复技术具有较多优点，对现有景观和建筑的影响较小，污染土壤本身的结构不会遭到破坏，处理过程不需要引入新的物质，原位、异位均可使用。土壤含水量、污染物的溶解性和脱附能力对处理效果有较大影响，因此使用过程中需要电导性的孔隙流体来活化污染物。

5.1.7.3 适用范围

可高效处理重金属污染（包括铬、汞、镉、铅、锌、锰、铜、镍等）及有机物污染（苯酚、六氯苯、三氯乙烯以及一些石油类污染物），去除率可达90%。目标污染物与背景值相差较大时处理效率较高。可用于水力传导性较低或黏土含量较高的土壤。土壤中含水量低于10%时，处理效果大大降低。埋藏的金属或绝缘物质、地质的均一性、地下水水位均会影响土壤中电流的变化，从而影响处理效率。

5.1.7.4 研究进展

Maini 等利用电动修复技术，对土壤中的多环芳烃（PAIIs）、苯、甲苯、乙苯和二甲苯（BTEX）的去除效果进行了研究。研究过程中选择了对质量为 973.2 g 的土壤用平板电极，在电流密度为 3.72 A/m 的条件下处理，23 天后土壤中约有 94% 的 PAHs 集中在阳极附近；同时也研究了 PAHs 和 BTEX 的混合物在电渗析作用下向阴极的迁移，22 天后土壤中 PAHs 含量由 720 mg/kg 下降至 4.7 mg/kg；试验结束后，有 28 mg 的 PAHs 和 9 660 mg 的苯集中到活性炭处理区[90]。

5.1.8 焦化污染场地土壤修复技术展望

从目前国内土壤污染的情况和现阶段污染土壤的修复实践来看，对污染土壤的根治修复任务还很艰巨。为促进生态文明体制改革、加快推进绿色发展，在制定污染土壤修复技术方案时，应全面考虑，不仅要考虑暂时的修复效果、修复成本，更要考虑污染土壤的风险评估。第一，在选择土壤修复技术时必然更加强调绿色环保与生态保护，不会造成二次污染；第二，修复技术要从单一的生物修复技术、物理修复技术、化学修复技术向多技术联合发展，能够结合多方优势实现互补，提高实际修复效果；第三，修复技术的发展应更加偏向于制度化与工程化，利用制度直接从源头控制污染物，利用工程来奠定修复基础，形成一套统一的技术、设备、评价、材料标准，从而达到高效、节约及彻底解决土壤污染的目的。未来土壤修复技术发展趋势必将是以风险防控和绿色可持续为指导，原位修复为主，带动其他技术联合发展。

5.2 焦化污染场地地下水修复技术

焦化企业作为国内工业的发展基础，为国内的工业发展作出了巨大贡献，但作为一类耗能高、污染重的企业，对环境造成了一定破坏。大部分焦化场地的土壤和地下水遭受了严重的污染。焦化场地地下水中主要污染物为多环芳烃、苯系物、重金属及石油烃类等。由于场地内污水排放或地下储罐泄漏或污染土壤被长时间淋洗，使得污染物向下迁移，最后进入地下水，导致地下水受到污染。与其他国家相比，我国存在污染范围大、污染物种类复杂多样的特点，并且修复技术与国际先进水平相比尚有差距，国内现阶段的一些修复技术还处于实验室试验阶段，应用于工程修复的技术存在修复不彻底、修复成本高、易造成二次污染等问题。因此，未来土壤修复技术的研发使用将更趋于修复彻底、更加经济高效，绿色可持续修复理念将逐渐受到重视。

5.2.1 抽出 - 处理技术 [91-92]

5.2.1.1 技术原理

抽出 - 处理技术通过抽取已污染的地下水至地表，然后用地表污水处理技术进行处理。通过不断地抽取污染地下水，使污染晕的范围和污染程度逐渐减小，并使含水层介质中的污染物通过向水中转化而得到清除。水处理方法可以是物理法（包括吸附法、重力分离法、过滤法、反渗透法、气吹法等）、化学法（包括混凝沉淀法、氧化还原法、离子交换法、中和法等），也可以是生物法（包括活性污泥法、生物膜法、厌氧消化法和土壤处置法等）。

5.2.1.2 技术特点

此技术在应用时需要构筑一定数量的抽水井（必要时还需构筑注水井）和相应的地表污水处理系统。抽水井一般位于污染羽状体中（水力坡度小时）或羽状体下游（水力坡度大时），利用抽水井将污染地下水抽出地表，采用地表处理系统对抽出的污水进行深度处理。因此，抽出 - 处理技术既可以是物理、化学、生物修复技术的联合，也可以是不同物理、化学技术的联合，主要取决于后续处理技术的选择，而后续处理技术的选择应用则受到污染物特征、修复目标、资金投入等多方面的制约。此技术工程费用较高，且由于地下水的抽提或回灌，影响治理区及周边地区的地下水动态；若不封闭污染源，当工程停止运行时，将出现严重的拖尾和污染物浓度升高的现象；需要持续的能量供给，确保地下水的抽出和水处理系统的运行，还要求对系统进行定期的维护与监测。此技术可使地下水的污染水平迅速降低，但由于水文地质条件的复杂性以及有机污染物与含水层物质的吸附－解吸反应的影响，在短时间内很难使地下水中有机物浓度达到环境风险可接受水平。另外，由于水位下降，在一定程度上可加强包气带中所吸附有机污染物的好氧生物降解。

5.2.1.3　适用范围

抽出－处理技术主要用于去除地下水中溶解的有机污染物和浮于潜水面上的油类污染物。抽出－处理技术对低渗透性的黏性土层和低溶解度、高吸附性的污染物效果不理想，通常需借助表面活性剂增强含水介质吸附的污染物的溶解性能，强化抽出处理的效果。污染地下水中存在非水相液体类物质时，由于毛细作用，使其滞留在含水介质中，明显降低抽出－处理技术的修复效率。

5.2.1.4　注意事项

应用抽出－处理技术前需要首先控制或去除受污染地下水污染源。

抽出－处理技术要求含水层介质渗透系数 $K>5 \times 10^{-4}$ cm/s，可以是粉砂、砂卵砾石等不同介质类型。

抽出－处理技术的修复目标设定为对污染羽水力控制和（或）含水层水质恢复。应用抽出－处理技术后可选择的出水排放方式见表5-3。

表5-3　应用抽出－处理技术后可选择的出水排放方式

出水应用	优点	缺点
排放到地表水体	水体的排放不受流量费用的约束；排放到雨水管道可能会收取一定的费用	排放标准是基于环境水体标准，与饮用水标准对比甚至更严格；与其他排放选择相比，上报更严谨，可能需要环境毒理学测试；可能需要去除地下水中某些天然成分；排放到附近地表水体或雨水管道需要铺设管道；公众可能会有负面看法
出水回灌到地下	排放标准通常类似于饮用水标准；不需要去除地下水中某些天然组分；可以用来增强水力控制或者冲洗污染源；保护地下水水源，尤其在地下水是单一的饮用水水源时	回注可能影响对污染羽的捕获；回注井和渗透结构需要更多的维护；可能存在地表处理技术难以去除的污染物，回灌到地下会分散污染羽，增加去除成本
排放到污水处理厂	相对较低的排放标准和监测要求，特别是对有机污染物；对抽出－处理技术难以处理的某些污染物，污水处理厂可以处理；污水处理厂可以进一步处理某些成分，避免对地表水体的危害	对污水处理厂处理能力具有一定的要求；污水处理厂可能不愿接收某种成分的地下水或出水水质较好的地下水；大流量出水排放到污水处理厂，治理成本高

续表

出水应用	优点	缺点
出水再利用	出水再利用可减少或消除对设备或使用其他水源的需要，从而节约水资源，并潜在地降低使用成本；成本相对较低；有很好的应用前景	需要满足相关法规和标准要求，可能需要更多的测试和监测；回用于工业生产过程中，需要进一步的处理，处理回用水满足设备标准或下游排放标准；出水利用设备是间歇性运行，而抽出 - 处理系统可能需要持续的运转，如果连续抽出与批处理在安排时间上不合理，回用是不可行的；需要准备一个备用排放点；当前的分析手段无法检测的污染物，如处理技术无法去除，会存在潜在的风险

5.2.2　空气注入技术

5.2.2.1　技术原理

空气注入技术是在气相抽提（SVE）的基础上发展而来的，通过在含水层注入空气，使地下水中的污染物气化，同时增加地下氧气浓度，加速饱和带、非饱和带中的微生物降解作用。气化后的污染物进入包气带，可利用抽气装置抽取后进行处理，因此也称生物曝气技术（Bio Sparging）[93]。

5.2.2.2　技术特点

空气注入技术中的物质转移机制依靠复杂的物理作用、化学反应和微生物降解之间的相互作用，由此派生出原位空气清洗、直接挥发和生物降解等不同的具体技术与修复方式，常与真空抽出系统结合使用，成本较低。通过向地下注入空气，在污染羽下方形成气流屏障，防止污染羽进一步向下扩散和迁移，在气压梯度作用下，收集地下挥发性污染物，并以供氧作为主要手段，促进地下污染物的生物降解。可以修复溶解在地下水中、吸附在饱和区土壤上和停留在包气带土壤孔隙中的挥发性有机污染物。为使其更有效，挥发性污染物必须从地下水转移到所注入的空气中，且注入空气中的氧气必须能转移到地下水中以促进生物降解。该技术的修复效率高，治理时间短。

5.2.2.3　适用范围

该技术可用来处理地下水中大量的挥发性有机污染物和半挥发性有机污染物，如汽油、与苯系物成分有关的其他燃料、石油碳氢化合物等。受地质条件限制，不适合在低渗透率或高黏土含量的地区使用，不能应用于承压含水层及土壤分层情况下的污染物治理，适用于具有较大饱和厚度和埋深的含水层。如果饱和厚度和地下水埋深较小，那么治理时需要很多扰动井才能达到目的。

5.2.3　渗透性反应墙技术

5.2.3.1　技术原理

渗透性反应墙技术是一种原位修复技术，是指在污染源的下游开挖沟槽，安置连续的或非连续的渗透性反应墙，在其中充填反应介质，与流经的地下水发生物理反应、化学反应和生物化学反应，使地下水中的污染物被阻截、固定或降解[93]。

5.2.3.2　技术特点

从污染源释放出来的污染物在向下游渗流过程中溶解于水中，形成一个污染地下水羽流，经反应墙，通过物理过程、化学过程及生物过程得到处理与净化。在原位反应墙修复技术中，最重要的功能单元为原位反应器。根据特定地质条件和水文条件、污染物的空间分布来选择可渗透反应墙（PRB）的类型。按照结构，PRB 分为漏斗 - 门式 PRB 和连续透水的 PRB。漏斗 - 门式 PRB 由不透水的隔墙、导水门和 PRB 组成，适用于埋深浅、污染面积大的潜水含水层。连续透水的 PRB 适用于埋深浅、污染羽流规模较小的潜水含水层；其特点表现为 PRB 垂直于污染羽流运移途径，在横向和垂向上，横切整个污染羽流。按照反应性质，PRB 可分为化学沉淀反应墙、吸附反应墙、氧化 - 还原反应墙、生物降解反应墙等。PRB 中填充的介质包括零价铁、螯合剂、吸附剂和微生物等，可用来处理多种多样的地下水污染物，如含氯溶剂、有机物、重金属等。污染物通常会在反应墙材料中发生浓缩、降解或残留等反应，所以墙体中的材料需要定期更换，更换可能产生二次污染。该技术较成熟、成本较低，已有较多应用。

5.2.3.3　适用范围

该技术可通过填充零价铁等去除地下水中的氯代烃；可采用活性炭作为填充介质，处理六价铬等重金属；厌氧反应墙可去除地下水中的硝酸盐等。此外，还可有效去除砷、氟化物、垃圾渗滤液等。

5.2.4　焦化污染场地地下水修复技术展望

尽管国内目前对地下水污染常用的修复技术方法有多种，同时一些较成熟的技术（如异位抽出 - 处理技术、原位氧化还原技术及空气注入技术等）在实际修复工程中已得到一定应用，但这些技术在应用过程中仍存在不彻底、成本高、易造成二次污染等问题。因此，未来地下水修复技术将向绿色、高效、经济可持续发展方向发展。

近些年来，随着国内经济的发展，地下水的污染情况也越来越严重，污染物的种类及复杂性也在逐渐增加。尽管地下水修复技术的研究不断加深，但是结合污染物所处的不同地质条件的差异，发展更绿色的、更经济的、更高效的、对环境扰动更小的修复技术将是未来发展趋势；其次，无论物理修复技术、化学修复技术，还是生物修复技术，都具有一定的局限性，单一的修复技术已难以满足未来修复治理的需求。因此，在现场修复过程中，将不同的地下水修复技术优点结合使用以及与其他方面的先进技术结合使用，从而明显加快修复进度、提高效率、降低成本，达到快速、彻底和永久修复的目的。

随着修复技术的不断研究和发展，还应不断完善地下水修复技术规范，依据实际现场情况构建修复管理模式体系，逐步完善基于风险评估的地下水修复目标确认方法，使地下水修复更彻底、更持久，符合可持续发展要求。

5.3　焦化污染场地风险管控技术

自 2016 年 5 月 31 日国务院印发《土壤污染防治行动计划》以来，土壤污染风险管控技术为国内污染场地修复产业的可持续发展提供了新方向。一些传统的污染土壤治理与修复技术方法存在修复成本高、修复周期长、对环境扰动较大以及易造成二次污染等弊端。在国内土壤修复资金紧张、修复技术落后的情况下，采取以风险管控为主的防治策略，对污染场地做到轻重缓急的修复和管理控制，确保受污染场地土壤安全再利用。

5.3.1　工程控制技术

通过利用工程技术措施，限制污染物的迁移，降低污染物暴露，切断污染源与受体之间的暴露途径，以达到降低污染风险和保护受体安全的目的。常用的工程控制技术有水平阻隔技术和垂直阻隔技术。

水平阻隔技术的主要目的是将污染物与受体（人、动物和植物）隔开，具体措施如抬高地面以提供适当的坡度，促进地表水径流，减少地表水的向下渗透，造成污染物的迁移，限制污染物排放的气体。水平阻隔层一般由自上而下的表层、保护层、排水层、阻隔层、气体收集层和基础层 6 个基本层组成。除表层外，不是所有层在任何场地都必须具有。

垂直阻隔技术主要是通过地下阻隔墙体将污染物封存或改变地下水水流方向，从而达到控制污染的目的。依据污染物的分布和地下水流方向，垂直阻隔墙建设成不同的形状。垂直阻隔根据建墙材料和方式，可分为泥浆墙、灌浆墙、板桩墙、土壤深层搅拌、土工膜、衬层等。

该技术适用的条件一是未来土地利用不紧迫的场地；二是污染情况复杂、修复成本太高的场地；三是污染区范围过大、修复周期时间过长、经济成本过高的场地。该技术的优点在于对不同水文地质条件的不同场地都能较好地发挥风险控制的作用，并且有技术比较成熟、施工效率高、运行成本低等特点。

5.3.2　被动修复－减缓技术

被动修复－减缓技术是近年来才迅速发展起来的技术，该技术是一种被动修复技术，为污染场地的风险管控提供了许多修复治理的替代方案。该修复技术主要包括监测自然衰减技术、增强型监测自然衰减技术等。

监测自然衰减技术主要是利用自然界存在的自然衰减作用，减小污染物浓度和总量，达到污染修复目标。该技术也包括物理反应、化学反应和生物反应，对流、弥散、稀释、吸附、沉淀、挥发等物理反应是将污染物由一种相转化成其他无危害或危害较小的相，但污染物仍存在，而化学反应和生物反应的作用属破坏性作用，可真正地去除污染物。

增强型监测自然衰减技术是指通过人为的干涉作用增强污染物自然降解效率，从而达到修复效果。人为干涉主要包括降低污染羽流的平流迁移速率、阻隔污染源以降低自然降解的负载、通过气压泵提高自然衰减的效率。

该技术适用于任何污染场地，且具有环境扰动小、运行成本低等优点。但修复周期长，不适用于迫切开发再利用的污染场地。

5.3.3　制度控制

制度控制是指采用非工程的措施来降低人类暴露于污染物中的风险。非工程措施包括行政管理、法律法规及相应的技术规范等。该技术措施通常与其他各类风险管控措施搭配实施，以加强和促进其他风险措施的落实。

制度控制在场地修复中起着非常重要的作用。尤其是在污染场地刚被发现，或受到经费和技术的限制，污染场地修复后仍有残留，无法达到任意使用和制定的修复目标值时，就需要利用制度控制来降低污染物对人类和环境的暴露风险。此外，该技术还可以通过限制公众对土地或资源的使用来降低和控制污染场地风险。但是制度控制的成功实施不仅需要多部门之间、多群体之间甚至跨领域之间的沟通，还需要有完善的管理政策与法律法规来支持。

5.3.4　焦化污染场地风险管控技术展望

在国内焦化污染场地数目大、环境复杂、污染物种类多，且国内土壤修复资金紧张、修复技术落后和条件受到限制的情况下，对污染土壤采取风险管控的策略和模式，在修复和管理控制上可以做到有轻重缓急，确保受污染土壤的安全再利用，是符合我国现阶段基本国情和技术经济条件的有效做法。但是风险管控技术和其他污染场地修复技术方法类似，存在一定的局限性。如工程控制技术仅仅起到固定污染物作用，存在无法清除污染源且工程设计和施工要求相对较高、需要依赖长期监测等缺点。被动修复－减缓技术只适用于特定场地和特定污染物的治理。单一的风险管控技术都具有局限性，无法达到场地污染防治的目标。多科学、多技术相结合的技术方法是未来污染场地风险管控的发展趋势。此外，基于大数据发展驱动风险管控的技术策略也将是污染场地风险管控发展的又一趋势。

5.4　总结

我国对环境污染防治越来越重视，有力地促进了污染场地修复产业的发展，一些更科学、更有效、更符合可持续发展理念的污染场地修复技术得以应用。可根据修复处理工程位置的不同，将修复技术划分为原位修复和异位修复。原位修复技术的主要优势在于可以对深层污染的土壤和地下水同时进行修复施工，异位修复技术相比原位修复技术，其环境风险低且易于控制。我国对工业污染场地开展修复的主要目的是尽早地开发再利用，受到土地开发再利用经济效益及未来可持续发展的考虑，一般会选用具有修复周期短、二次污染风险小、对土壤结构扰动小、稳定性高等优点的场地修复技术。

第6章
焦化污染场地安全利用

城市更新与工业产业迁出使城市中遗留大量可能存在污染的场地，造成严重的环境污染并威胁周边居民的健康。在可持续发展浪潮的推动下，污染场地的危害、修复与安全利用逐渐成为城市发展的关注点。

6.1 安全利用[94]

焦化污染场地经修复后达到安全利用，根据修复方式对场地的侵扰度，从最大到最小的排序是异地修复、原地异位修复、原地修复。修复方式的选择基于焦化污染场地内污染的程度、范围和集中度，毗邻的利益相关者的规模、地点和实际的场地工作条件，进行修复的区域附近是否存在住宅。

6.1.1 异地修复

在场地全范围内进行全面的土壤挖掘，并用卡车将其移除至他处进行修复。会涉及多次用卡车装卸和运输污染土壤。当污染土壤到达偏远的场所时，会通过一种或多种修复技术对其进行治理。被污染的土壤的终点可能是再利用场地，也可以返回到原来的场地。此外，会在场地的全范围内对被污染的地下水体进行抽取并对其进行去除或修复工作。

这种方式的一个优势是可以将很多个污染场地的土壤按顺序分批修复，在城市或区域的范围内进行操作。多批量处理的方式会产生规模经济、专业化的劳动力以及高效的设备使用。劣势包括运输和二次装卸所增加的成本，需要对土壤移除和运达的准确时间的掌握，以及考虑污染土壤稳定供应的可能性。

6.1.2 原地异位修复

在污染场地上污染物产生的地方对其进行处理。这要求修复技术和配套设备被带至场地内，并结合修复后土壤的再利用需求，对挖掘工作进行准备。优势是具有在不造成进一步污染扩散的情况下将已知范围内的污染物去除的能力。在场地内将不同种类的污染物分离出来并针对污染物使用准确的修复技术在这种方式中成为可能。劣势包括受限制的工作空间以及对场地内其他工程活动的影响。

6.1.3　原地修复

使用自然的或破坏性小的、可持续的修复技术保留场地原状，在可能的情况下进行利用，但要确保土壤和地下水污染处于修复过程中。优势是在应对污染物的同时，展现了一种破坏性更小的、更可持续的场地修复方式。其劣势是对存在的某些特定污染物需要采用其他破坏性更大的、不可持续的修复方式，并且很多该类修复技术还处于新兴阶段。

污染场地修复后的安全利用就是修复后的土壤是否达到原地利用和异地利用的相关标准，利用标准的制定需综合考量环境、土地利用方式、场地再利用设计等。

6.2　环境考量

《土壤污染防治行动计划》《污染地块土壤环境管理办法（试行）》等文件均明确要求治理与修复工程原则上应当在原址进行。为防范修复后土壤在转移过程中对环境造成二次污染，遵循减量化、无害化、少转运等原则，修复后土壤应当优先原址再利用。修复后土壤再利用过程中，特别是异址再利用和转移过程中，需要突出对再利用过程的风险管控，确保修复后土壤再利用的环境安全[95]。

目前污染土壤的再利用情景包括垃圾填埋场覆土、建筑材料、生产沥青的骨料、开挖地回填等；在判断污染土壤是否符合再利用筛选值时，不仅要考虑人体健康的保护，同时要考虑地下水、地表水保护或无公害特性（如异味、着色等）等限制因素[95]。

6.2.1　再利用方式确认[95]

6.2.1.1　原址再利用

修复后土壤在原址场地进行再利用时，由于其土壤修复目标是基于本地块条件的人体健康风险评估所得出的，场地概念模型未发生变更，场地条件与前期风险评估的场地条件一致，且按照地块治理与修复工程设计和实施的要求处理达标，其修复效果的评估结果在本地块有效。因此，在不改变具体暴露途径的情景下，可直接根据修复方案中的具体要求，实施相应的风险管控，进行安全再利用。

当原址地块同时存在第一类用地和第二类用地规划区域时，原则上修复后土壤达到第二类用地修复目标的，不得用于第一类用地规划区域；当必须回填至第一类用地区域时，需重新进行人体健康风险评估。

6.2.1.2　异址再利用

当修复后土壤需要转运至异址再利用时，原地块的修复目标可能不再适用再利用情景，可能存在风险，需进行修复后土壤的采样调查和再利用区的环境调查，通过环境可接受性评估来确定风险。在风险可接受的情况下实施风险管控，进行安全再利用。

从风险分析和管控的角度，满足以下任一情形的修复后土壤可允许进行异址转运再利用：①土壤中污染物残留含量低于再利用区用地方式相应的风险筛选值；②再利用区环境可接受性评估表明再利用土壤风险可接受。

6.2.2　环境可接受性评估^[95]

污染场地土壤再利用时，土壤中污染物可直接暴露于人体，对人体健康产生危害，也可在降雨淋溶作用下向下迁移、进入地下水，对地下水造成污染并对地下水使用人群的人体健康产生危害。环境可接受性评估流程见图 6-1。

其中，污染物迁移进入地下水的过程包括以下 4 个子过程：

①土壤中污染物的解吸过程，即再利用土壤在降雨淋溶作用下，污染物从土壤解吸至土壤孔隙水中；

②污染物在非饱和带的迁移转化过程，即土壤孔隙水中污染物随降雨入渗向下迁移，在清洁非饱和带经对流、弥散、吸附解吸和生物降解等一系列迁移转化过程，到达地下水水面处；

③污染物被地下水混合稀释过程，即土壤孔隙水中污染物进入地下水后，在水流作用下被混合稀释；

④污染物在地下水的扩散迁移过程，即污染物在地下水含水层中通过对流和弥散作用发生迁移扩散，最终到达环境敏感点。

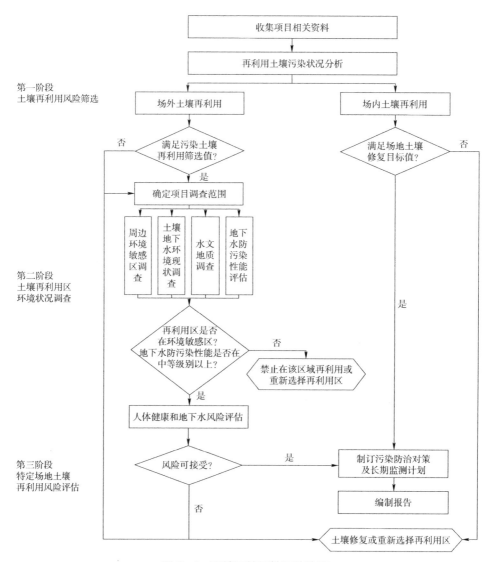

图6-1　环境可接受性评估流程

6.3　土地利用方式

在污染场地的再利用与再开发过程中，几个关键的土地利用及设计因素令再利用项目区别于非污染场地项目。首先，再利用项目提供了一个改造用地的机会，使由于工业生产活动变化或环境污染问题而被废弃、荒芜或利用不充分的土地可以重新被个人、公司或公共实体使用。在已经或正在开发的城市地区所进行的污染场地改造项目是绝好的充实城市核心区的设计机会，且无论在城市还是郊区，通过设计和规划活动，这些项目都成为场地重新恢复活力的机会。其次，土地的用途得到更合理的规划，如从重工业用地变为商业用地。这种转变所基于的理念是通过再利用，场地本身的潜力和邻近其他城市便利设施的优势可以被充分发挥。最后，污染场地项目对其周边的土地用途具有潜在的影响力。场地一旦通过设计，提供了新的服务设施和活动项目，去除了被废弃的或未被充分使用的前工业用地，会马上对周边的用地、社区和居住区产生积极的影响，尤其当这个项目位于其他城市设计或再开发项目已经正在进行的区域。这种影响可能会通过地方政府的城市再生规划，商业和文化区的总体规划或主干道规划的形式体现出来。

6.3.1　城乡规划的特点

近年来，随着社会经济的快速发展、人民生活水平的提高，对生活环境的要求逐渐增加。为了满足人民对生活环境质量的需求，城乡规划建设具有不可替代的作用，对城市居民的生活环境具有举足轻重的影响。土地资源是城乡规划建设的重要组成部分，在一定程度上对城乡规划建设有巨大的影响。在城乡规划建设中，要高效利用现有的土地资源，协调好城乡规划建设与土地管理之间的关系，不断改善人民的生活环境，促进城乡一体化的快速发展[96]。

为确保城乡规划建设的持续稳定发展，合理开发利用固有的土地资源，应尽可能提高土地资源的利用率。土地是一种稀缺的不可再生资源，保护未经利用的土地、保护大面积的绿色空间变得尤为必要。在保护新地的压力下，城市污染场地开发可以使城市用地得到有效的重复利用，不仅可以减少城市建设中对"绿地"的直接开发，而且可以给城市注入新的活力。焦化污染地块作为典型的"棕地"，根据城乡规划对其进行合理的开发再利用成为城市可持续发展的重要外部环境要素，而焦化污染地块再利用的土地使用性质则为地块控制性详细规划的基本内容之一，可为进一步详细规划提供指导性依据。

城乡规划是融合多要素、多人士看法的某一特定领域的发展愿景，意即进行比较全面的长远的发展计划，是对未来整体性、长期性、基本性问题的思考、考量和设计的整套行动方案，是基于城乡建设角度的城乡规划，其主要特点表现为综合性、政策性、民主性、实践性[97]。

综合性是指城市的社会、经济、环境和技术发展等各项要素既互为依据，又相互制约，城乡规划需要对城乡各项要素进行统筹安排，使之各得其所、协调发展。随着社会的发展、城乡问题的日趋复杂，城乡成为开发的复杂系统，涉及社会、经济、政治、法律、人口、地理等诸多相关学科，这种多学科的交融正是城乡规划发展的趋势。只有综合各相关学科，才有可能更好地认识和把握城乡规划，担负起综合的责任。

政策性是指城乡规划是关于城乡发展和建设的战略部署，同时也是政府调控城乡空间资源、指导城乡发展和建设、维护社会公平、保障公共安全和公众利益的重要手段。因此，城乡规划一方面必须充分反映国家的相关政策，是国家宏观政策实施的工具，另一方面需要充分地协调经济效率和社会公正之间的关系。城乡规划中的任何内容都会关系到城市经济的发展水平和发展效率、居民生活质量和水平、社会利益的调配、城市的可持续发展等，是国家方针政策和社会利益的全面体现。

民主性是指城乡规划涉及城市发展和社会公共资源的配置，需要代表最广大人民的利益。正由于城乡规划的核心在于对社会资源的配置，因此城乡规划就成为社会利益调整的重要手段。这就要求城市规划能够充分反映城乡人民的利益诉求和意愿，保障社会经济协调发展，使城乡规划成为人民参与制定和动员全体居民实施的过程。

实践性是指城乡规划是一项社会实践，是在城乡发展过程中发挥作用的社会制度，因此城乡规划需要解决城乡发展过程中的实际问题，这就需要城乡规划因地制宜，从城乡发展的实际状况和能力出发，保证城乡可持续协调发展。城乡规划是一个过程，需要充分考虑近期的需要和长期的发展，保障社会经济的协调发展。城乡规划的实施是一项全社会的事业，需要政府和广大人民共同努力，才能得到很好的实施，这就需要运用各种社会、经济、法律等手段来保证城乡规划的有效实施。

6.3.2　城乡规划的用地分类

根据《城市用地分类与规划建设用地标准》（GB 50137—2011），按土地使用的主要性质进行划分，用地分类包括城乡用地分类和城市建设用地分类两部分。

城乡用地分类包括：①建设用地，包括城乡居民点建设用地、区域交通设施用地、区域公用设施用地、特殊用地、采矿用地及其他建设用地等；②非建设用地，包括水域、农林用地及其他非建设用地等。

城市建设用地可分为以下八大类：①居住用地，包括住宅和相应服务设施的用地；②公共管理与公共服务设施用地，包括行政、文化、教育、体育、卫生等机构和设施的用地，但不包括居住用地中的服务设施用地；③商业服务业设施用地，包括商业商务、娱乐康体等设施用地，不包括居住用地中的服务设施用地；④工业用地，包括工矿企业的生产车间、库房及其附属设施用地，包括专用铁路、码头和附属道路、停车场等用地，不包括露天矿用地；⑤物流仓储用地，包括物资储备、中转、配送等用地，也包括附属道路、停车场以及货运公司车队的站场等用地；⑥道路与交通设施用地，包括城市道路、交通设施等用地，不包括居住用地、工业用地等内部道路、停车场等用地；⑦公共设施用地，包括供应、环境、安全等设施用地；⑧绿地与广场用地，包括公园绿地、防护绿地、广场等公共开放空间用地。

6.3.3　城乡规划的影响因素

在规划建设用地的过程中，必须综合考虑以下几个因素：

①规划人均城市建设用地面积标准。根据气候区的不同，不同人口规模的城市（镇）允许采用的规划人均城市建设用地面积指标是不同的，城市（镇）总体规划应满足《城市用地分类与规划建设用地标准》（GB 50137—2011）要求。

②规划人均单项城市建设用地面积标准。根据气候区的不同，人均居住用地面积指标为 23.0～38.0 m^2/ 人，人均公共管理与公共服务设施用地面积不应小于 5.5 m^2/ 人，规划人均道路与交通设施用地面积不应小于 12.0 m^2/ 人，规划人均绿地与广场用地面积不应小于 10.0 m^2/ 人，其中人均公园绿地面积不应小于 8.0 m^2/ 人，规划人均单项城市建设用地面积标准应满足《城市用地分类与规划建设用地标准》（GB 50137—2011）要求。

③规划城市建设用地结构。《城市用地分类与规划建设用地标准》（GB 50137—2011）指出城市建设用地八大类中的居住用地、公共管理与公共服务设施用地、工业用地、道路与交通设施用地和绿地与广场用地五大类主要用地占城市建设用地的比例宜符合表 6-1 的规定。工矿城市（镇）、风景旅游城市（镇）以及其他具有特殊情况的城市（镇）的规划城市建设用地结构可根据实际情况具体确定。规划城市建设用地结构见表 6-1。

表 6-1　规划城市建设用地结构

用地名称	占城市建设用地比例 /%
居住用地	25.0～40.0
公共管理与公共服务设施用地	5.0～8.0
工业用地	15.0～30.0
道路与交通设施用地	10.0～25.0
绿地与广场用地	10.0～15.0

上述城乡规划用地的分类及规划建设用地的考虑因素均为污染场地再利用的土地使用性质规划提供了基础依据，在对焦化污染地块进行改造设计时应参考城市土地利用规划的原则，综合考虑目标地块所在城市的各项因素指标，结合地块自身及

环境因素，优先解决各类设施的供应，完善城市综合服务的功能，从地块所在城市"缺什么"切入，再到地块能"做什么"落脚，做到污染场地再利用同土地利用规划的良好衔接。

6.4　设计考量

污染场地再利用的过程中，设计师的重要作用之一就是对污染场地和建筑物赋予新用途时所产生的一些内在冲突和利益进行权衡。设计师尤其要了解污染修复工作在与项目的设计和实施互动时所扮演的角色，例如地下挖掘、被污染场地材料的移除，或通过污染物的放置和封盖措施所形成的场地土层再调整与正在进行的实体规划和项目开发之间的关系。另外，随时间推移，修复技术可能需要分期实施，这要求在规划设计中考虑暂时性的修复设备与过程[94]。

6.4.1　再利用关键因素

6.4.1.1　周边环境格局

要充分考虑焦化污染场地的环境格局变化的综合效应，发挥已有优势，克服不利因素。如周边村庄和潜在人口也是焦化污染场地转型利用需要考虑的重要因素，转型是否成功的一个重要指标是能否吸引相适应的人口的聚集。在未来地块再利用过程中，可以考虑将焦化污染场地开发为转型接续产业工业园区、小集镇或者直接开发为依靠土壤自身能力和植被进行生态修复的地块。综合周边已经具备的优势资源，考虑为周边人口提供就业机会。

6.4.1.2　场地自身因素分析[98]

（1）地形

地形是限制工业地块再利用的重要因素之一，一般而言平整的地形更有利于土地再开发。在地块再利用规划过程中不仅要考虑工业地块内自身的地形变化，也需要综合考虑周边地形的变化，这样才能使场地再利用不仅与场地内地势格局相协调，也与周边整体地势格局相协调。

（2）面积

地块面积的大小也是限制工业地块再利用的重要因素之一。要考虑其大小是否可以满足改造再利用所需的面积要求，若地块面积大于改造用地所需面积，则可适当调整修建性详细规划方案以达到资源最大限度利用的目的；反之，则需要根据实际情况选择放弃规划方案或调整规划方案。

（3）区位

要考虑地块距离市中心、交通干线、主要商圈的远近，考虑地块所在区域文化、商业、娱乐氛围情况，为地块再利用规划提供充分的信息基础。

（4）地上物现状条件

要考虑建筑物及构筑物使用时长、破损情况等，充分考虑改造地块地上建筑物及构筑物现状对改造方案的影响情况。

（5）污染现状

要充分了解地块内水、土壤、大气污染情况。地块的污染程度与改造方案所需治理标准有最直接的关系，同时也影响地块再利用规划的经济因素。

6.4.2　再利用模式

根据焦化污染地块再利用方向的差异性，再利用模式包括但不限于以下几种类型：①以二次工业生产为主的接续产业用地类型，该模式注重工业生产带来的经济效益。②以典型工业遗迹保护为主的工业遗迹主题公园模式，该模式注重工业文化价值的保护与传承。③以城镇及农村居住用地住宅开发为主的自主经营模式，该模式注重居民的自主经营收益。④以农村居民点建设为主的农村重新安置模式，该模式注重农村居民生活水平的提高。⑤对污染较为严重的土地，根据污染物确定修复方法，可优先选择开发为开敞空间和工业遗产为依托的模式，通过覆土处理，再在土壤上种植适应力强的植被，形成优质景观。对污染程度较低的地块，可以选择产业置换的开发模式，依靠土壤自身能力和植被进行生态修复。该模式注重区域生态景观质量的提高。

焦化污染地块的再利用设计模式不是唯一的，同时相互之间也不是完全独立的，有时经常需要不同模式之间的相互组合，才能达到废弃地再利用设计的最优地块控制性详细规划。控制性详细规划经批准后，按照控制性详细规划规定的功能分区、用地性质和指标进行布局，制定修建性详细规划，指导各项建筑、工程设施的设计和施工。若地块的再利用性质不能满足控制性详细规划条件，则需要根据实际情况进行管控或修复以达到开发利用的目的。

6.5　科学制定风险管控或治理修复方案[99-100]

国内的污染地块数量庞大、类型多样、污染复杂，修复工作长期而艰巨。为了降低污染场地的环境风险，进一步推动污染地块的再开发利用进程，消除污染隐患，确保人体健康，针对具备修复条件、需要开发利用的污染场地，开展实施土壤和地下水的风险管控及治理修复工作有重要意义。

6.5.1　风险管控或治理修复方案的制定原则

6.5.1.1　风险管控方案的制定原则

风险管控方案是指通过在地块治理全生命周期中，综合配套采用一系列减缓或控制地块风险的技术方法和管理制度，降低地块治理的经济成本和环境成本，达到污染地块治理与再利用目的的方案。风险管控方案的制定原则如下：

①统筹性原则，指污染地块风险管控应兼顾土壤、地下水、地表水和大气，防止污染地块对人体健康和生态环境产生影响。

②可行性原则，指根据地块污染程度和范围以及对人体健康和生态环境的影响，合理选择风险管控过程，因地制宜制定风险管控方案。

③安全性原则，指污染地块风险管控方案制定、工程设计及施工时，要确保工程实施安全。

6.5.1.2　治理修复方案的制定原则

焦化污染场地土壤和地下水污染修复方案的制定应以场地前期污染调查与风险评估工作为基础，借鉴国外在污染场地修复领域的先进经验，满足国内现阶段污染场地修复技术的研发、应用与管理需求，以有效去除或降低场地土壤和地下水中污染物的浓度和风险，提高修复效率，减少二次污染，确保人体安全。具体原则如下：

①科学性原则，指采用科学的方法，综合考虑污染场地修复目标、土壤修复技术的处理效果、修复时间、修复成本、修复工程的环境影响等因素，制定修复方案。

②可行性原则，指制定的污染场地土壤修复方案要合理可行，要在前期工作的基础上，针对污染场地的污染性质、程度、范围以及对人体健康或生态环境造成的危害，合理选择土壤修复技术，因地制宜制定修复方案，使修复目标可达、修复工程切实可行。

③安全性原则，指污染场地修复工程的实施应注意施工安全和对周边环境的影响，避免危害施工人员、周边人群健康以及生态环境，防止二次污染。

6.5.2　风险管控方案和治理修复方案的确定

6.5.2.1　风险管控方案的确定

（1）暂不开发利用的污染地块

对暂不开发利用的污染地块，实施以防止污染扩散为目的的风险管控，组织开展土壤、地表水、地下水、空气环境监测。

环境监测是指在地块开展部分治理行动（如被动修复措施、阻隔和阻断措施等）后用于评估治理措施是否达到预期目标的一系列监测行动。对采用风险管控措施治理的污染地块，即污染物未被完全清除或者清除水平不能达到无限制使用条件的，则需要开展长期监测。长期监测并非仅限于地块治理后的环境监测，还包括对土壤进行定期回顾性评估监测等一系列工作。风险管控区域后续如需进行再开发，则应根据再开发利用方式，确定是否进行修复治理。

（2）拟开发利用的污染地块

对拟开发利用为居住用地和商业、学校、医疗、养老机构等公共设施用地的污染地块，实施以安全利用为目的的风险管控。风险管控方案应当包括管控区域、目标、主要措施、环境监测计划以及应急措施等内容。

①管控区域。

通过前期土壤污染状况调查与风险评估提出的土壤污染范围确定风险管控区域。

②目标。

风险管控的目标是防止污染扩散，采取污染隔离、阻断等措施，消除对周围生态环境的污染及隐患。

③主要措施。

制定风险管控措施时，首先要弄清楚场地污染物的理化性质、毒理学性质，结合周边居民分布和当地气象条件，初步建立场地概念模型，识别出污染物对周边人群的健康影响及暴露途径，最后提出控制措施。

从安全利用角度出发制定污染场地风险控制措施显得更为可行，通过围挡、固化/稳定化、阻隔、覆盖、气体暴露控制、长期监控等工程措施，控制污染物迁移或阻断污染物暴露途径，确保土壤及地下水环境安全。

对存在地下水污染风险的污染地块，可采用水平阻隔、垂向阻隔、水力控制等措施防范扩散风险。对受到地下挥发性污染物蒸气入侵影响的建筑物，可采用密封阻隔、被动排气、室内通风、室内增压、底板下减压等方式阻止污染物进入室内。对环境风险等级高、严重威胁集中式饮用水水源的污染地块，可采用居民迁移、提供饮用水、阻隔住宅周边的污染物等方式和措施进行有效风险防范。

④应急管理措施。

风险管控的应急管理措施有以下4点：及时移除或者清理污染源；采取污染隔离、阻断等措施，防止污染扩散；开展土壤、地表水、地下水、空气环境监测；发现污染扩散的，及时采取有效补救措施。

6.5.2.2　治理修复方案的确定

（1）地块暂无用地规划

对于暂无用地规划的污染地块，根据焦化污染场地土壤条件及其污染物特性，采取耦合环境的修复方式，应注重与周边用地的联系，集中集约开发，增加社会效益。建议采用以新型产业带动旧产业，以整体开发带动零散用地和捆绑开发等多元方式，确定修复方案。

对于高风险的污染地块，主要采用异位污染源治理技术，优先选择开发为开敞空间（如城市景观类、市政配套设施类、商业服务类和工业用地等非敏感性建设用地），通过覆土处理，再在土壤上种植适应力强的植被，形成优质景观，也可考虑结合植物种植，采用原位污染源治理加上覆土阻隔。

对于低风险的污染地块，如果地块规划用途为敏感用地（如居住用地、文教用地等），污染土壤不满足敏感用地土壤质量要求，但满足非敏感用地要求时，可考虑将其规划用途转变为非敏感用地；如果地块规划用途为非敏感用地，则采用原位污染源治理，并结合未来开发建设辅以必要的阻隔措施，也可以选择产业置换的开发模式，依靠土壤自身能力和植被进行生态修复。

（2）地块已有用地规划

①修复模式选择。

在分析前期焦化污染场地土壤污染状况调查和风险评估资料的基础上，根据地块特征条件、修复目标和修复要求，选择确定地块修复总体思路。永久性处理修复优先于处置，即显著地减少污染物数量、毒性和迁移性。鼓励采用绿色的、可持续的和资源化的修复。治理与修复工程原则上应当在原址进行，确需转运污染土壤的，应确定运输方式、路线和污染土壤数量、去向和最终处置措施。

审阅前期完成的土壤污染状况调查报告和地块风险评估报告等相关资料，核实地块相关资料的完整性和有效性，重点核实前期地块信息和资料是否能反映地块目前实际情况。

核实前期地块环境调查与风险评估中有关目标污染物、地块水文地质条件、用地规划等相关资料的有效性，如发现已有资料不能满足修复技术方案编制基础信息要求，应适当补充相关资料，必要时还应开展补充性地块环境调查、风险评估与模拟预测。

现场踏勘地块及周边环境和敏感点现状，关注修复工程的用电、用水、道路等条件，为修复技术方案的工程施工提供基础信息。

a. 更新地块概念模型。

应进一步结合地块水文地质条件，污染物的理化性质、空间分布及其潜在迁移途径等因素，对地块调查和风险评估阶段的地块概念模型进行更新。

修复技术方案编制阶段的地块概念模型应以文字、图、表等方式，概化地块地层分布、地下水埋深、流向，描述污染物的空间分布特征、迁移过程、迁移途径，污染介质与受体的相对位置关系，受体的关键暴露途径以及未来建筑物结构特征等。

修复技术方案编制过程中，应根据所制定的修复技术方案，分析修复过程对地块水文地质条件的改变、污染物的转化与迁移过程以及污染物的空间分布特征的影响，并不断更新地块概念模型，以评估修复技术方案的实施效果。

b. 修复目标。

通过对前期获得的土壤污染状况调查和风险评估资料进行分析，结合必要的补充调查，确认地块土壤修复的目标污染物、修复目标值和修复范围。

确认目标污染物。确认前期土壤污染状况调查和风险评估提出的土壤修复目标污染物，分析其与地块特征污染物的关联性和与相关标准的符合程度。

提出修复目标值。分析比较按照《建设用地土壤污染风险评估技术导则》（HJ 25.3—2019）计算的土壤风险控制值、《土壤环境质量　建设用地土壤污染风险管控标准（试行）》（GB 36600—2018）规定的筛选值和管制值、地块所在区域土壤中目标污染物的背景含量以及地方有关标准中规定的限值，结合目标污染物形态与迁移转化规律等，合理提出土壤目标污染物的修复目标值。

地下水污染物的筛选评价标准优先选取《地下水质量标准》（GB/T 14848—2017）的标准，对《地下水质量标准》（GB/T 14848—2017）之外的指标，选用《地下水水质标准》（DZ/T 0290—2015）的标准或者《生活饮用水卫生标准》（GB 5749—2006）的标准。

确认修复范围。确认前期土壤污染状况调查与风险评估提出的土壤修复范围是否清楚，包括四周边界和污染土层深度分布，特别要关注污染土层异常分布情况，比如非连续性自上而下分布。依据土壤目标污染物的修复目标值，分析和评估需要修复的土壤量。

确认修复模式。与地块利益相关方进行沟通，确认对土壤修复的要求，如修复时间、预期经费投入等。

②修复筛选技术与评估。

根据地块的具体情况，按照确定的修复模式，在分析比较土壤修复技术优缺点和开展技术可行性试验的基础上，从技术的成熟度、适用条件、对地块土壤和地下水修复的效果、成本、时间和环境安全性等方面，对各备选修复技术进行综合比较，选择确定修复技术，以进行下一步的修复方案制定。

a. 修复技术筛选。

根据焦化污染场地受污染的介质、地块修复策略、污染物类型、修复技术类型和具体技术工艺，利用文献调研、应用案例分析或相关筛选工具，从技术的修复效果、可实施性、成本等方面考虑，筛选出潜在可行的修复技术。具体原则如下。

场地适用性原则：应针对场地污染物特性和污染特征、场地地质条件和水文地质条件、场地规划、场地后期建设方案等重要因素，因地制宜选择修复技术。具体应根据场地土壤中污染物的种类、污染程度、分布深度和不同用地类型等实际情况，分别选择。

技术可靠性原则：为保证场地修复工作的顺利完成，场地的修复技术应尽可能采用绿色、可持续、成熟可靠的修复技术，而不应单纯追求技术的先进性，避免采用处于研究初期的修复技术。

时间合理性原则：为尽快完成污染场地的修复工作，开展场地的进一步开发利用，同等条件下，应尽量选择修复周期短的修复技术。

费用合理性原则：在满足场地污染修复目标可达、技术可行前提下，应尽量选择经济上可行的修复技术，降低修复费用。

减少环境影响：场地污染土壤的修复中，应尽可能采用工艺较为简单且修复过程二次污染较少的修复技术，以降低修复过程的环境影响。

结果达标原则：场地所选的污染土壤修复技术必须满足场地土壤修复目标的要求，确保环境安全及居民健康。

b. 修复技术可行性试验。

原则上应通过可行性试验判定潜在可行技术是否适用于目标地块。若目标地块与国内已有案例的地块特征条件、水文地质条件、目标污染物相符且能够证明技术可行，可省略可行性试验过程，直接进入技术综合评估阶段。根据目的和手段的不同，修复技术可行性试验分为筛选性试验和选择性试验。

筛选性试验的目的是定性判断技术是否适用于目标地块，即评估技术是否有效、能否达到修复目标值。筛选性试验一般为实验室规模的批次小试，至少重复1次，试验结果应具有一致性。若所有潜在可行技术均未通过筛选性试验，应重新制定地块修复策略。

选择性试验的目的是验证修复技术的实际效果，确定关键工艺参数，估算成本、周期等。选择性试验一般为小试、中试；小试时应采集实际地块的污染介质，中试时应根据修复技术类型的特点，选择地块不同深度、不同浓度的污染介质开展异位试验，或在具有代表性的区域开展原位试验；至少重复 2 次，试验结果应具有一致性。若所有潜在可行技术均未通过选择性试验，应重新制定地块修复策略。

土壤修复技术可行性评估也可以采用相同或类似地块修复技术的应用案例进行分析，必要时可现场考察和评估应用案例实际工程。

c. 修复技术综合评估。

可采用列举法对各技术的原理、适用性、成本等进行定性评估，或利用修复技术评估工具表对可接受性、可操作性、修复效率、修复时间、修复成本等进行定量评估，确定目标地块实际工程可行的修复技术。

③修复技术方案确定。

根据确定的地块修复模式和土壤修复技术，制定土壤修复技术路线，确定土壤修复技术的工艺参数，可以采用单一修复技术，也可以采用多种修复技术进行优化组合集成。估算地块土壤修复的工程量，提出初步修复方案。从主要技术指标、修复工程费用以及二次污染防治措施等方面进行方案可行性比选，确定经济、实用和可行的修复方案，还应包括地块土壤修复过程中受污染水体、气体和固体废物等的无害化处理处置等。

a. 制定土壤修复技术路线。

根据确定的地块修复模式和土壤修复技术，制定土壤修复技术路线，可以采用单一修复技术，也可以采用多种修复技术进行优化组合集成。修复技术路线应反映地块修复总体思路及修复方式、修复工艺流程和具体步骤，还应包括地块土壤修复过程中受污染水体、气体和固体废物等的无害化处理处置等。

b. 确定修复技术工艺参数。

修复工艺参数必须通过实验室小试确定，必要时可通过现场中试获得，采用原位修复工艺时应通过现场中试获得工艺参数，并提供相关案例分析。工艺参数包括但不限于修复药剂投加量及比例、设备影响半径、设备的处理能力、布设点位和布设方式、处理需要时间、处理条件（温度、物料含水率、粒径大小等）、能耗、设备占地面积及作业区范围等。

c. 修复方案。

修复工程主要技术指标包括方量、地下水量、药剂量、基坑开挖范围和深度、平面布置图、运输路线、工艺参数、反应温度、水土比等。

以风险评估报告确定的污染区域边界拐点坐标数据确定需修复的土方量、地下水量及基坑开挖范围和深度。运输要求有以下 3 点：运输车辆应全过程密闭，出场应进行清洗，减少遗撒和防止二次污染；运输车辆进出场应填写五联单，运输途中应进行 GPS 全程定位与跟踪，并配备专车进行现场指导与监控，确保污染土壤运输到位；场地内运输应尽量采用单循环形式，避免会车带来的延误与不便。

估算地块土壤修复的工程量。根据技术路线，按照确定的单一修复技术或修复技术组合方案，结合工艺流程和参数，估算每个修复方案的修复工程量。根据修复方案的不同，修复工程量可能是调查和评估阶段确定的土壤处理处置所需工程量，也可能是方案涉及的工程量，还应考虑土壤修复过程中受污染水体、气体和固体废物等的无害化处理处置的工程量。

d. 修复方案比选。

从确定的单一修复技术及多种修复技术组合方案的主要技术指标、工程费用和二次污染防治措施等方面进行比选，最后确定最佳修复方案。

主要技术指标：结合地块土壤特征和修复目标，从符合法律法规、长期和短期效果、修复时间、成本和修复工程的环境影响等方面，比较不同修复方案主要技术指标的合理性。

修复工程费用：根据地块修复工程量，估算并比较不同修复方案所产生的修复费用，包括直接费用和间接费用。直接费用包括修复工程主体设备、材料、工程实施等的费用，间接费用包括修复工程监测、工程监理、质量控制、健康安全防护和二次污染防范措施等的费用。

二次污染防范措施：地块修复工程的实施中，应首先分析工程实施的环境影响，并应根据土壤修复工艺过程和施工设备清洗等环节产生的废水、废气、固体废物、噪声和扬尘等环境影响，制定相关的收集、处理处置技术方案，提出二次污染防范措施。综合比较不同修复方案二次污染防范措施的有效性和可实施性。污染地块修复工程实施过程中，在重点产生二次污染工序的地块，建议安装摄像头进行摄影，影像资料进行留档，作为效果评估阶段的查档资料。

二次污染防治措施应具体可行，具有较强的操作性：废水、废气处理设施应明确处理能力、处理工艺、平面布局、主要工艺（设备）参数及排放去向；扬尘污染防治应明确实施位置和施工阶段，采用喷洒降尘的，应明确频率和持续时间；污染土壤临时堆存区等应明确具体位置，说明堆放点的截流、防尘、防雨和废水处理等措施；固体废物储存点位置应明确，危险废物储存应按照相应标准设置；气味较重的挥发性有机物污染土壤的开挖、暂存、处理和处置应在负压密闭大棚内进行；采用固化 / 稳定化技术处理污染土壤且在地块内回填的，应明确具体的回填位置和配套的防渗防漏等防范污染设施，提出防止回填处理后土壤发生扰动的后续监管和标识措施，将相应要求提交给后续再开发利用单位并以一定的方式（如列入交地合同条件或其他形式）形成责任交接约束。

e. 制订环境管理计划。

地块土壤修复工程环境管理计划包括修复工程环境监测计划和环境应急安全计划。

修复工程环境监测计划包括修复工程环境监理、二次污染监控和修复效果评估中的环境监测。应根据确定的最佳修复方案，结合地块污染特征和地块所处环境条件，有针对性地制订修复工程环境监测计划。修复过程监测需由地块责任单位委托第三方监测机构实施；修复过程中环境监测样品的采集由第三方监测机构进行，并由第三方监测机构对所采集样品负责。

为确保地块修复过程中施工人员与周边居民的安全，应制订周密的地块修复工程环境应急安全计划，内容包括安全问题识别、需要采取的预防措施、突发事故时的应急措施、必须配备的安全防护装备和安全防护培训等。

6.6 总结

焦化污染场地可承载多种形式的新用途以进行再利用，如提供急需住宅；当地块随时间推移而不断更新设计时，可能进行混合开发再利用；利用已有的排水系统、电网等设施，改造为新的轻工业用地，位于城市边缘或外围地区的还可以考虑转变为大的开放空间等用地方式。焦化污染场地的安全利用最终要回归环境质量要求的约束，而场地污染的分布及其严重程度［包括污染治理综合成本（治理时间和费用等）］是影响场地后续使用功能的重要因素。因此，为避免不必要的修复压力和资金浪费，可将地块内污染程度轻和未污染地块优先规划为住宅等一类用地，对地块内污染程度较高的优先规划为公共绿化用地等二类用地。

第7章
焦化场地治理决策系统开发

随着国内社会经济的快速发展，矿山开采、大型重工业基地建设与搬迁发展产生了大量的污染场地，如不加以处置，会对生态环境和人体健康造成极大的威胁。污染场地修复的效果决定着场地最终的利用功能和使用安全，而其中的关键是制定最优的修复技术方案。有的国家和地区早在几十年前就开展土壤修复研究，积累了大量经验，开发了多种较成熟的污染场地修复技术，研发了多个污染场地修复决策支持系统，如欧盟研发的 REC 模型、意大利威尼斯研究联合会研发的 DESYE 模型等，为污染场地的修复提供了很大助力[101]。国内土壤修复市场刚刚起步，报道的污染场地土壤修复技术很多，但可以用于工程实践的、经济实用的土壤修复技术却很少[102]。在制定污染场地土壤修复方案时缺乏完善的决策系统，没有综合比较各修复技术的目标效益、环境效益、经济效益以使修复方案最优化，不利于土壤修复市场的发展，不利于污染场地的管理和开发。修复决策支持系统是利用专家评判、软件计算模拟，为利益相关者和决策者提供决策帮助的综合系统，不仅能使污染场地特征数据可视化，对污染风险水平进行分析，还能提供修复方案的选择、分析、优化与模拟，综合比较经济成本与公众可接受度，为决策者做出科学决策提供支持[103]。因此，立足我国国情，构建焦化场地治理决策系统，针对各场地特点，迎合各种需要，量身定制出最优的修复技术方案，具有现实意义和行业引领作用。

7.1 系统目标

7.1.1 系统功能目标

系统建设的总体目标是借助 WebGIS 与数据库技术，采用浏览器 / 服务器（B/S）模式，支持专家咨询，辅助完成污染场地修复技术的筛选。

系统的主要功能包括三个方面：①污染场地信息管理，信息包括文本信息数据、地理空间数据、采样点数据等；②污染场地风险评估与管控，其中风险评估部分包括场地污染物的致癌风险和非致癌风险；③污染场地土壤修复技术筛选以及修复技术和方案的在线评估。

7.1.2　系统性能目标

7.1.2.1　实用性

系统做到功能完备，操作方便，界面简洁友好，信息处理准确及时，满足现有需求，并且升级维护方便。

7.1.2.2　稳定性

系统具有良好的可靠性、稳定性。综合利用联机数据备份、灾害恢复等先进计算机技术手段，使平均故障率降到最低限度。

污染场地治理决策系统物理环境的以太网与服务器的连接速率为 100.0 MB，与客户端的连接速率为 10 MB/100 MB 自适应。

7.1.2.3　安全性

系统具有严密的数据安全性和网络安全性，有严格的权限管理和日志审核机制，防止不良人员和病毒对系统的侵扰和破坏。

7.1.2.4　灵活性

系统设计考虑到管理体制改革对系统造成的影响，深入挖掘内部固有规律，提高系统的适应能力和可扩充能力。

7.1.2.5　先进性

充分利用信息技术的先进成果，吸纳同类产品的长处，系统应达到同行业应用的先进水平，具有一定的可扩展能力和超前性。

7.1.2.6　标准化

在各类数据进入计算机以前，所有的数据都必须按要求进行编码、校验，这是一项基础性的工作，工作量很大且有较高的要求。凡具有国家标准或国际通用标准的地理编码原则上采用国家标准或国际通用标准进行编码，其他编码则采用行业标准，或自行规定。

所有编码要遵循如下通用的原则。

唯一性：任何一个编码所代表的含义应该是明确的，不能与其他编码重叠或交叉。

简单性：编码的规则和代码应尽量简单，既便于记忆，也便于操作。

适用性和可扩展性：考虑到系统的发展和变化，编码的容量应该留有充分的余地；同时也要考虑代码的短小精悍，既减少输入输出的工作量，又减少计算机的存储空间。必要时可提供编码批量扩展或修改的工具。

完整性：综合性的信息系统牵涉的面很广，应全面通盘考虑以免顾此失彼。

统一性：鉴于本系统的复杂性、系统数据多源性，整个系统必须采用统一的标准进行管理和运行，系统中各种数据必须能共享。在系统的建设初期必须制定统一的数据接口规范。统一数据字典，数据字典是各类数据描述的集合，是进行详细的数据收集和数据分析的主要结果。数据字典的建立有助于数据的科学管理和控制，为设计人员、开发人员以及数据库管理人员在设计、实现、运行数据库阶段和使用有关数据时提供依据，在数据库设计中占有重要地位。数据字典包括：数据项；数据结构；数据流；数据存储；处理过程；统一专题图的表示规范（说明对专题空间要素描述的类型、颜色、符号等，以便于符号化专题输出）；影像数据方面，提供tif 格式、tfw 格式的影像定位参数文件，声音数据方面，提供 wav 格式，录像数据方面，提供 avi 格式；所有矢量数据在交界处应具有节点；属性结构定义必须保证至少有关键字。

7.2 系统设计

7.2.1 总体思路

基于浏览器 / 服务器（B/S）模式和 Oracle11g 进行开发，构建修复技术体系和修复示范工程信息数据库，基于 WebGIS 开发平台，系统管理员通过 ArcGIS Server 发布地理处理服务功能，通过服务器上的地理处理工具运行执行和输出功能，即可通过浏览器访问这些服务功能。

通过前期调查了解环境背景，借鉴国内外研发污染场地修复相关程序和系统的经验，以国内现行污染场地技术导则为依据，针对污染场地基本信息及其可视化、场地风险评估和修复技术筛选问题，采用 B/S 模式，运用 ArcGIS Server 发布 GP 服务技术和 ADO.NET 数据库连接技术，ETL 采用工具和代码结合的方式，采用 Nonstop 技术保障系统可靠性，开发适合于焦化污染场地的修复决策系统。

主要包括以下方面：①污染场地修复辅助决策系统开发的需求分析、数据收集和资料整理，采用实地调研、文献调研和用户调研的方式进行；②采用查阅文献、技术导则等方式收集数据，通过 Oracle 构建污染场地基本信息、污染土壤修复技术体系和修复示范工程等基础数据库；③基于 B/S 模式，采用"前台界面操作—中间业务处理—后台数据访问"的方式进行开发，设计污染场地修复辅助决策系统的具体功能、基本框架及使用流程等，开发适合于焦化污染场地的修复辅助决策系统。

7.2.2　设计原则

系统设计必须既适应当前应用考虑，又要面向未来信息化发展需要。在设计平台时，遵循以下设计原则：①字段的唯一性，不允许同名异义的字段或异名同义的字段存在，使得数据的一致性得到基本保证；②检索频率相差较大的数据项不直接放在同一库中，这样可提高检索速度，减少数据传输量；③避免不同数据中出现同一类非关键字；④尽可能集中存放共享数据；⑤应有统一的设计原则，即数据库维护权限准则，子系统接口设计准则，路径名、数据库名、模块名准则；⑥对于一般情况，数据库规范设计基于第三范式；⑦系统平台方便使用，数据共享，安全可靠，方便监督、查询。

7.2.3　遵循的标准规范

焦化场地治理决策系统的设计中，凡适用现有国家标准的部分，必须按有关的国家标准进行设计，以下国家标准应予遵循：①《建设用地土壤污染状况调查技术导则》（HJ 25.1—2019）；②《建设用地土壤污染风险管控和修复监测技术导则》（HJ 25.2—2019）；③《建设用地土壤污染风险评估技术导则》（HJ 25.3—2019）；④《建设用地土壤修复技术导则》（HJ 25.4—2019）；⑤《污染地块地下水修复和风险管控技术导则》（HJ 25.6—2019）；⑥《建设用地土壤污染风险管控和修复术语》（HJ 682—2019）；⑦《污染场地修复技术筛选指南》（CAEPI 1—2015）。

7.2.4　系统开发路线与平台

7.2.4.1　系统设计流程

在调查研究区场地特征、污染物特征、经济社会条件的基础上，结合污染场地再利用方式、修复技术和修复技术应用情况的研究，利用数学模型对人体健康风险和污染修复技术开展综合评价，开发构建可以实际应用的污染场地治理决策系统。系统设计流程见图 7-1。

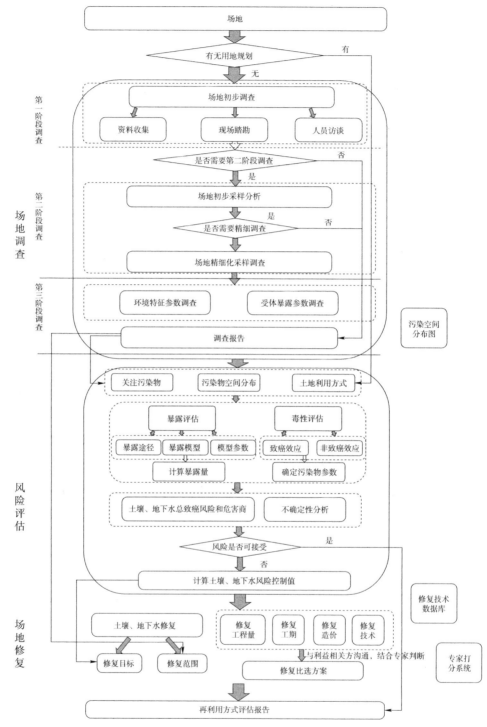

图 7-1　系统设计流程

7.2.4.2　系统开发路线与平台

开发架构：采用分层软件架构，严格分离表现层、业务层、服务层、持久层和 IT 基础设施层，提供高稳定性、高可用性和可复用的底层架构支撑。程序架构全面面向接口和服务，支持异构平台的接入。数据层持久化，支持多种数据库，具备数据层面的可移植性。分层开发框架见图 7-2。

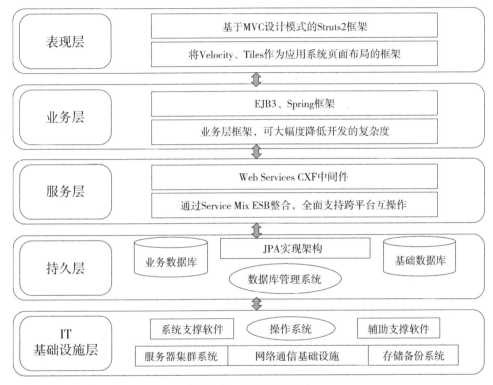

图 7-2　分层开发框架

运行架构：在软件体系结构之中，纳入组件模型和分布式组件模型，把中间层划分为许多服务程序，将每个服务程序都视为独立的层，这样就形成了 N 层体系结构和 Web 分布式计算的软件运行架构。系统运行架构见图 7-3。

目前架构中业务逻辑层是一个模块，通过把 Web 层与客户层切开，分别部署于不同的服务器上，可带来以下几种能力。

（1）负载平衡能力

分布式 Web 计算将复杂的业务处理分割成相互之间可交互调用和通信的若干业务功能部件或对象，并可将其分配到多个网络互连的应用服务器中，实现负荷分担。

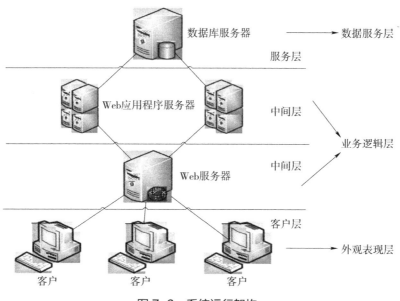

图 7-3　系统运行架构

（2）容错能力

当某台应用服务器发生故障或失效时，分布式系统会自动把该服务器正在处理的业务请求移交给另外一台正常工作的服务器。

（3）异构性

网络分布的业务处理对象可访问不同的后台数据库，适合多种异构数据库环境。

系统开发技术结构：采用 java 语言开发；技术架构采用 Spring + hibernate + Struts；适用于 Windows 系列操作系统和 Redhat5 等 Linux 系列操作系统；数据库采用 MYSQL；JDK8 平台开发；应用服务器可采用 WebLogic 或 Tomcat；模版语言采用 Velocity；客户端适用于 IE10 以上、火狐、谷歌。

7.2.4.3　数据库管理系统

按照统一标准，建成数据应用平台，支撑污染物监测、修复模式等业务的运行。按照统一分类、统一建模、统一存储的原则，集中存储业务系统产生的业务数据、档案数据、过程数据，逐步实现对环境治理范围内各类数据的集中。实现场地污染相关数据的抽取、存储、挖掘、分析，并对外统一提供数据发布服务。

7.2.5　数据的安全与维护

①提供全面的数据安全保护，防止平台上的数据丢失、数据泄露、数据被篡改等。

②提供完善的数据备份服务，具备至少两种数据备份方式，即虚拟带库备份和磁带库备份。

③业务隔离要求：对于不同场地用户的主机，应进行有效的隔离，保证不同用户的数据之间的独立性与安全性。

7.2.6　系统扩充能力

系统建设须充分利用现有的信息资源，保护现有技术资源，系统技术必须具有先进性和前瞻性，必须提供良好的可扩展性以满足将来业务增长的需要，保证顺利进行系统的功能扩展和业务升级。

7.3　系统建设内容（概述）

7.3.1　系统总体框架

焦化场地治理决策系统分为六部分，即第一阶段土壤污染状况调查、第二阶段土壤污染状况调查、第三阶段土壤污染状况调查、风险评估阶段、修复技术决策阶段、场地决策报告。

7.3.1.1　第一阶段土壤污染状况调查

第一阶段土壤污染状况调查将资料收集、现场踏勘和人员访谈获得的资料进行录入并进行系统分析。若第一阶段调查确认场地内及周围区域当前和历史上均无可能的污染源，则认为场地的环境状况可以接受，调查活动可以结束。该系统功能模块主要包括：①项目概况；②水文地质；③污染识别；④结论。

7.3.1.2　第二阶段土壤污染状况调查

第二阶段土壤污染状况调查主要对采样结果予以分析。目的是确定污染物种类、浓度（污染程度）和空间分布。该系统功能模块主要包括：①初步调查；②详细调查。

7.3.1.3　第三阶段土壤污染状况调查

第三阶段土壤污染状况调查获得满足风险评估及土壤和地下水修复所需的参数。主要包括：①场地特征参数；②受体暴露参数。

7.3.1.4　风险评估阶段

场地风险评估工作内容包括危害识别、暴露评估、毒性评估、风险表征，以及土壤和地下水风险控制值的计算。

7.3.1.5 修复技术决策阶段

对前期污染土壤污染状况调查和风险评估资料进行分析，根据场地污染特征、目标污染物、修复目标、修复范围和修复时间，选择场地修复技术。

7.3.1.6 场地决策报告

对已获得的资料以及前期分析的结果进行汇总，自动生成场地决策报告。

7.3.2 系统内容及功能描述

7.3.2.1 第一阶段土壤污染状况调查

第一阶段土壤污染状况调查内容如下。

（1）项目概况

包括场地名称、地理位置、四至范围、中心坐标、原土地性质、拟规划用途、调查启动依据、调查范围等信息。

（2）水文地质

指场地水文地质信息的录入。

（3）污染识别

包括场地历史、功能分区、污染源识别、污染物识别、相邻场地等信息的录入。

（4）结论

包括场地内及周边区域可能的污染源、不确定性分析结果等信息的录入。若有可能的污染源，则录入可能的污染类型、污染状况和来源。

7.3.2.2 第二阶段土壤污染状况调查

第二阶段土壤污染状况调查内容如下。

（1）初步调查

初步调查点位布设信息、现场快速检测结果、实验室检测结果；主要生成数据分析结果、调查结果统计。

（2）详细调查

详细调查点位布设信息、现场快速检测结果、实验室检测结果；主要生成水文地质条件、污染物检出结果统计、调查结果统计。

7.3.2.3 第三阶段土壤污染状况调查

第三阶段土壤污染状况调查内容如下。

（1）场地特征参数

场地特征参数包括土壤 pH、容重、有机碳含量、含水率、质地，地表年平均风速，水力传导系数，水文、地质特征和数据等信息。

（2）受体暴露参数

受体暴露参数包括场地及周边地区土地利用方式、人群及建筑物等相关信息。

7.3.2.4 风险评估阶段

场地风险评估阶段功能如下。

（1）危害识别

自动分析土壤污染状况调查阶段获得的相关资料和数据，引入分区评估的概念；确定关注污染物；明确规划土地利用方式；分析可能的敏感受体。

（2）暴露评估

在危害识别的基础上，确定场地土壤和地下水污染物的主要暴露途径和暴露评估模型，确定评估模型参数取值。

（3）毒性评估

在暴露评估的基础上，分析关注污染物对人体健康的危害效应，包括致癌效应和非致癌效应，确定与关注污染物相关的参数，包括参考剂量、参考浓度、致癌斜率因子和呼吸吸入单位致癌因子等。

（4）风险表征

在暴露评估和毒性评估的基础上，采用风险评估模型计算土壤和地下水中单一污染物经单一途径的致癌风险和危害商，计算单一污染物的总致癌风险和危害指数，录入不确定性分析结果。

（5）土壤和地下水风险控制值的计算

包括基于致癌效应的土壤风险控制值、基于非致癌效应的土壤风险控制值、保护地下水的土壤风险控制值、基于致癌效应的地下水风险控制值、基于非致癌效应的地下水风险控制值。

（6）分析确定土壤和地下水风险控制值

比较上述计算得到的基于致癌效应的土壤风险控制值和基于非致癌效应的土壤风险控制值，以及基于致癌效应的地下水风险控制值和基于非致癌效应的地下水风险控制值，选择较小值作为场地的风险控制值。如场地及周边地下水作为饮用水水源，则应充分考虑对地下水的保护，提出保护地下水的土壤风险控制值。

7.3.2.5 修复技术决策阶段

对前期土壤污染状况调查和风险评估资料进行分析，根据场地污染特征、目标污染物、修复目标、修复范围和修复时间，自动选择场地修复思路。土壤和地下水需分开进行。

（1）土壤

①选择土壤修复模式。

包括确认场地条件、提出修复目标、确认修复要求、选择修复模式等步骤。

②筛选修复技术。

通过矩阵排列结合权重打分的方式分析比较实用修复技术。

③确定修复技术。

基于修复技术筛选结果，结合专家意见，确定每个场地最后的土壤修复技术。

（2）地下水

①选择地下水修复和风险管控模式。

包括确认场地条件、提出地下水修复和风险管控目标、确认修复要求、选择修复模式等步骤。

②筛选地下水修复和风险管控技术。

通过矩阵排列结合权重打分的方式分析比较实用修复技术。

③确定地下水修复和风险管控技术。

基于地下水修复和风险管控技术筛选结果，结合专家意见，确定每个场地最后的地下水修复技术。

7.3.2.6　场地决策报告

通过以上资料自动生成一份场地决策报告。

7.4　系统建设内容（详述）

污染场地治理决策系统主要分为 6 部分。具体内容如下。

7.4.1　第一阶段土壤污染状况调查

7.4.1.1　项目概况

此阶段通过文字或图片的形式录入项目概况，包括场地名称、地理位置、四至范围、中心坐标、原土地性质、拟规划用途、调查启动依据、调查范围（导入四至坐标、自动生成范围图）等信息。录入的信息可满足后期系统的调用以及生成场地治理决策报告时相关内容的填充。

7.4.1.2　水文地质

将水文地质条件与地形记录进行总结录入，并加以分析，以协助判断周围污染物是否会迁移到调查地块，以及地块内污染物是否会迁移到地下水和地块之外。

7.4.1.3　污染识别

将资料收集、现场踏勘和人员访谈收集到的情况进行汇总。汇总内容包括场地历史（使用功能简介、平面布置图、产排污分析）、场地现状（现状情况简述、现状照片）、功能分区、污染源识别、污染物识别、相邻场地（相邻场地分布图、相邻场地污染识别）等，皆可通过文字或图片途径录入。

7.4.1.4　结论

在结论中明确地块内及周围区域有无污染源，若有污染源，通过文字和图片形式描述可能的污染种类、污染途径、污染区域。

7.4.2　第二阶段土壤污染状况调查

7.4.2.1　初步调查

①系统可嵌入初步调查阶段所需要明确的监测点位坐标信息，包括点位编号、坐标、所在功能分区、所代表的污染源等。此阶段信息的导入可满足后期程序的调用以及生成场地治理决策报告时相关内容的填充。可通过对应的 Excel 文件录入初步调查点位布设信息（土壤监测点位布设、地下水监测井布设）。

②现场检测是指采用即时检测设备（PID、XRF、便携式气质联用仪等）对地块土壤及地下水样品中的污染物或其他参数进行现场测定的过程。通过现场检测，可以对污染物进行初步筛选，并指导采样方案的实施及现场调整和补充，也可以获取需要及时测定的样品参数。系统可对现场检测结果进行录入分析，一方面可指导下一步采样方案，另一方面可用于后期治理决策报告的内容填充。

土壤快速检测信息导入：点位编号、坐标、高程、快检层位、层位描述（土壤性质、颜色、异味）、重金属快检结果、有机物快检结果。

地下水快速检测信息导入：点位编号、坐标、高程（地表、稳定水位）、快检层位、层位描述（是否有非水相液体存在）、快检数据（水温、pH、电导率、浊度、氧化还原电位）。

③汇总实验室检测样品的相关信息（送检层位、送检理由、检测项目），以便于后期分析总结。

④系统可实现对检测数据的快捷导入，并对有污染物检出的样品进行汇总。系统导入数据后，首先生成数据分析结果，即初步调查污染物检出结果；导入数据后，系统自动生成对应污染物的筛选值，并实现检出结果与污染物筛选值的比较。

⑤系统自动生成初步调查超标点位统计表，为详细调查奠定基础。

7.4.2.2　详细调查

①明确详细调查点位信息，包括坐标、所在功能分区、布设理由。

通过文件录入详细调查点位布设信息（土壤监测点位、地下水监测井）。

②土壤采样时应进行现场记录，主要内容包括点位编号、坐标、高程、快检层位、层位描述（土壤性质、颜色、异味）、重金属快检结果、有机物快检结果。

下载对应 Excel 文件进行详细调查部分土壤快速检测信息导入：点位编号、坐标、高程、快检层位、层位描述（土壤性质、颜色、异味）、重金属快检结果、有机物快检结果。

下载对应 Excel 文件进行详细调查部分地下水快速检测信息导入：点位编号、坐标、高程（地表、稳定水位）、快检层位、层位描述（是否有非水相液体存在）、快检数据（水温、pH、电导率、浊度、氧化还原电位）。

③将详细调查实验室检测数据进行汇总分析

下载对应 Excel 文件导入详细调查实验室检测结果（土壤样品实验室检测结果、地下水样品实验室检测结果）。导入数据后，生成数据分析结果，即详细调查污染物检出结果。根据土壤和地下水检测结果进行统计分析，确定地块关注污染物种类、浓度水平和空间分布。

7.4.3　第三阶段土壤污染状况调查

7.4.3.1　场地特征参数

场地特征参数包括不同代表位置和土层或选定土层的土壤样品的理化性质分析数据，如土壤 pH、容重、有机碳含量、含水率和质地等；以及地块（所在地）气候、水文、地质特征信息和数据，如地表年平均风速和水力传导系数等。根据风险评估和地块修复实际需要，选取适当的参数进行调查。

7.4.3.2　受体暴露参数

受体暴露参数相关信息从前期资料自动识别，包括场地及周边地区土地利用方式、人群及建筑物等。

7.4.4　风险评估阶段

7.4.4.1　危害识别

收集土壤污染状况调查阶段获得的相关资料和数据，掌握地块土壤和地下水中关注污染物的浓度分布，明确规划土地利用方式，分析可能的敏感受体，如儿童、成人、地下水体等。自动分析土壤污染状况调查阶段获得的相关资料和数据，引入分区评估的概念（同时勾选每个点位），确定关注污染物。

7.4.4.2　暴露评估

在危害识别的基础上，确定场地土壤和地下水污染物的主要暴露途径，确定评估模型参数取值。

7.4.4.3　毒性评估

在暴露评估的基础上，分析关注污染物对人体健康的危害效应，包括致癌效应和非致癌效应，确定与关注污染物相关的参数，包括参考剂量、参考浓度、致癌斜率因子和呼吸吸入单位致癌因子等。

7.4.4.4　风险表征

在暴露评估和毒性评估的基础上，采用风险评估模型计算土壤和地下水中单一污染物经单一途径的致癌风险和危害商，计算单一污染物的总致癌风险和危害指数。

7.4.5　修复技术决策阶段

7.4.5.1　土壤

（1）选择修复模式

在分析前期土壤污染状况调查和风险评估资料的基础上，根据地块特征条件、目标污染物、修复目标、修复范围和修复时间，选择确定地块修复总体思路。

确认前期土壤污染状况调查和风险评估提出的土壤修复目标污染物，分析其与地块特征污染物的关联性和与相关标准的符合程度。从风险评估阶段自动引入每个场地目标污染物。

分析比较 HJ 25.3 计算的土壤风险控制值、污染物筛选值和管制值、地块所在区域土壤中目标污染物的背景含量以及地方有关标准中规定的限值，结合目标污染物形态与迁移转化规律等，合理提出土壤目标污染物的修复目标值。

确认前期土壤污染状况调查与风险评估提出的土壤修复范围是否清楚，包括四周边界和污染土层深度分布，特别要关注污染土层异常分布情况，比如非连续性自上而下分布。依据土壤目标污染物的修复目标值，分析和评估需要修复的土壤量。

（2）筛选修复技术

结合地块污染特征、土壤特性和选择的修复模式，从技术成熟度、适合的目标污染物和土壤类型、修复的效果、时间和成本等方面分析比较现有土壤修复技术的优缺点，重点分析各修复技术工程应用的实用性。采用列表描述修复技术原理、适用条件、主要技术指标、经济指标和技术应用的优缺点等方面，进行比较分析，同时结合权重打分的方法。通过比较分析，提出一种或多种备选修复技术，进行下一步评估。基于修复技术筛选结果，结合专家意见，确定每个场地最后的土壤修复技术。

7.4.5.2　地下水

（1）选择修复模式

确认地块条件，更新地块概念模型。根据地下水使用功能、风险可接受水平，经修复技术经济评估，结合地块水文地质条件、污染特征，确认对地下水修复和风险管控的要求，明确污染地块地下水修复和风险管控的总体思路。

确认前期地块环境调查和风险评估提出的地下水修复目标污染物，根据地块及受体特征、规划、地下水使用功能和地质因素等，确定地下水修复和风险管控目标污染物。

按照《污染地块地下水修复和风险管控技术导则》（HJ 25.6—2019）确定修复目标值的方法，确认目标污染物的修复目标值，并在修复目标值的基础上计算修复范围。

（2）筛选修复技术

根据污染地块水文地质条件、地下水污染特征、确定的修复和风险管控模式等，从适用的目标污染物、技术成熟度、成本、时间和环境风险等，分析比较现有地下水修复和风险管控技术的优缺点。通过矩阵排列结合权重打分的方式初步筛选一种或多种修复和风险管控技术。基于修复和风险管控技术筛选结果，结合专家意见，确定每个场地最后的地下水修复技术。

7.4.6　场地决策报告

场地决策报告要全面反映工作内容，决策报告中的文字应简洁和准确，且决策报告尽量采用图、表和照片等形式描述各种关键技术信息。场地决策报告主要包含第一阶段土壤污染状况调查、第二阶段土壤污染状况调查、第三阶段土壤污染状况调查、风险评估阶段以及修复技术决策阶段五部分内容。

场地决策报告导出过程见图 7-4，场地决策报告大纲见专栏 7-1。

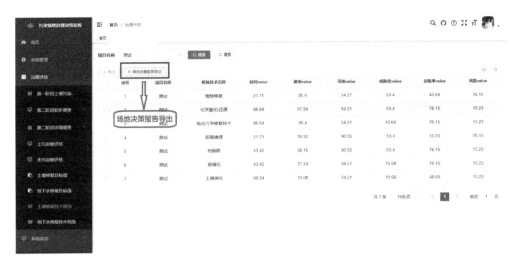

图 7-4 场地决策报告导出

专栏 7-1 场地决策报告大纲

土壤污染状况调查第一阶段

1 项目概况

1.1 地块名称

1.2 地理位置

1.3 原土地性质

1.4 拟规划用途

1.5 调查启动依据

1.6 调查范围

2 水文地质

3 污染识别

3.1 地块历史

3.2 地块现状

3.3 功能分区

3.4 污染源识别

3.5 污染物识别

3.6 相邻地块

4　结论

土壤污染状况调查第二阶段

1　初步调查

1.1　点位布设

1.2　现场快速检测

1.3　实验室检测

1.4　结果分析

2　详细调查

2.1　点位布设

2.2　现场快速检测

2.3　实验室检测

2.4　结果分析

土壤污染状况调查第三阶段

1　场地特征参数

2　受体暴露参数

土壤污染风险评估

1　危害识别

2　暴露评估

3　毒性评估

4　风险表征

5　土壤和地下水风险控制值的计算

6　风险评估结果

7　结论

修复技术决策阶段

Ⅰ　土壤治理与修复模块

1　修复模式

1.1　目标污染物

1.2　修复目标值

1.3　修复要求

1.4　修复模式

2　筛选修复技术

2.1　目标污染物所属分类

2.2　矩阵排列

2.3　确定修复技术

2.4　估算地块土壤修复的工程量

2.5　修复工程估算

Ⅱ　地下水治理与修复模块

1　地下水修复和风险管控目标

1.1　目标污染物

1.2　修复目标值

2　筛选地下水修复技术

2.1　修复要求

2.2　目标污染物所属分类

2.3　矩阵排列

3　确定修复技术

4　估算地下水修复的工程量

4.1　挥发性非卤化有机物

4.2　挥发性卤化有机物

4.3　半挥发性非卤化有机物

4.4　半挥发性卤化有机物

4.5　无机物（含重金属）

5　修复工程估算（自动识别）

参考文献

［1］曹康, 金涛. 国外 "棕地再开发" 土地利用策略及对我国的启示 [J]. 中国人口·资源与环境, 2007, (6): 124-129.

［2］陈瑶, 许景婷. 国外污染场地修复政策及对我国的启示 [J]. 环境影响评价, 2017, 39(3): 38-42.

［3］臧文超, 丁文娟, 张俊丽, 等. 发达国家和地区污染场地法律制度体系及启示 [J]. 环境保护科学, 2016, 42(4): 1-5.

［4］李奇伟. 美国污染场地国家优先名录制度的建设及其启示 [J]. 时代法学, 2021, 19(1): 105-110, 117.

［5］陈卫平, 谢天, 李笑诺, 等. 欧美发达国家场地土壤污染防治技术体系概述 [J]. 土壤学报, 2018, 55(3): 527-542.

［6］王效举, 赵琦慧, 李法云. 日本土壤污染及其治理对策 [J]. 应用技术学报, 2021, 21(4): 317-325.

［7］高阳, 刘路路, 王子彤, 等. 德国土壤污染防治体系研究及其经验借鉴 [J]. 环境保护, 2019, 47(13): 27-31.

［8］楼春, 钟茜. 焦化厂场地土壤污染分布特征分析 [J]. 中国资源综合利用, 2019, 37(4): 177-179.

［9］张忠兵. 山西土焦改造的现状和前景 [J]. 煤炭加工与综合利用, 1993, (1): 6-7.

［10］郝敬明, 陈川生. 对山西省焦炉改造的政策建议 [J]. 太原科技, 1998, (5): 10-11.

［11］夏冰. 取缔小土焦及有关政策取向 [J]. 中国能源, 1997, (7): 31-33.

［12］孟庆耀. 4.3 米捣固焦炉地面除尘站常见故障及对策 [J]. 安徽化工, 2018, 44(6): 112, 115.

［13］吴海滨, 常毅军, 闫文刚. 清洁型热回收焦炉技术评价 [J]. 科技创新与生产力, 2010, (11): 76-77, 80.

［14］曹海霞. 山西焦化工业技术发展现状与趋势研究 [J]. 煤炭加工与综合利用, 2007, (5): 38-42.

［15］郭鹏, 仝纪龙, 陈冰, 等. 焦化生产中 VOCs 排放特征分析及精准治污建议 [J]. 化工环保, 2021, 41(4): 485-493.

［16］高建军, 赵世芬, 郑永挺, 等. 湿法熄焦与干法熄焦的对比分析 [J]. 科技情报开发与经济, 2009, 19(23): 199-201.

［17］李刚. 干法熄焦技术进展及应用前景 [J]. 煤化工, 2005, (1): 17-19, 40.

［18］Sarker A, Kim J E, Islam A R M T, et al. Heavy metals contamination and associated health risks in food webs—a review focuses on food safety and environmental sustainability in Bangladesh[J]. Environmental Science and Pollution Research, 2022, 29(3): 3230-3245.

［19］Redman A, Santore R.Bioavailability of cyanide and metal-cyanide mixtures to aquatic life[J]. Environmental Toxicology and Chemistry, 2012, 31(8): 1774-1780.

［20］Adkins E A, Yolton K, Strawn J R, et al. Brunst.Fluoride exposure during early adolescence and its association with internalizing symptoms[J]. Environmental Research, 2022, 204.

［21］Karaulov A V, Smolyagin A I, Mikhailova I V, et al. Assessment of the combined effects of chromium and benzene on the rat neuroendocrine and immune systems[J].Environmental Research, 2022, 207.

［22］Wang P C, Qi A, Huang Q, et al. Spatial and temporal variation, source identification, and toxicity evaluation of brominated/chlorinated/nitrated/oxygenated-PAHs at a heavily industrialized area in eastern China[J]. Science of the Total Environment, 2022, 822.

［23］Chae Y, Kim L, Kim D, et al. An.Deriving hazardous concentrations of phenol in soil ecosystems using a species sensitivity distribution approach[J]. Journal of Hazardous Materials, 2020, 399.

［24］Hellmann-Blumberg U, Steenson R A, Brewer R C, et al. Toxicity of polar metabolites associated with petroleum hydrocarbon biodegradation in groundwater[J]. Environmental Toxicology and Chemistry, 2016, 35(8): 1900-1901.

［25］Di Girolamo F, Campanella L, Samperi R, et al. Mass spectrometric identification of hemoglobin modifications induced by nitrosobenzene[J]. Ecotoxicology and Environmental Safety, 2009, 72(5): 1601-1608.

［26］Besser J M, Ingersoll C G, Leonard E N, et al. Effect of zeolite on toxicity of ammonia in freshwater sediments: Implications for toxicity identification evaluation procedures[J]. Environmental Toxicology and Chemistry, 1998, 17(11): 2310-2317.

［27］李大伟, 董洋, 盛镇武, 等 . 污染场地土壤环境现状调查与修复对策 [J]. 中国资源综合利用, 2021, 39(12): 136-138.

［28］冯嫣, 吕永龙, 焦文涛, 等 . 北京市某废弃焦化厂不同车间土壤中多环芳烃（PAHs）的分布特征及风险评价 [J]. 生态毒理学报, 2009, 4(3): 399-407.

［29］王培俊, 刘俐, 李发生, 等 . 西南某焦化场地土壤中典型污染物的特征分布 [J]. 煤炭学报, 2011, 36(9): 1587-1592.

［30］尹勇，戴中华，蒋鹏，等．苏南某焦化厂场地土壤和地下水特征污染物分布规律研究 [J]．农业环境科学学报，2012，31(8): 1525-1531．

［31］贾晓洋，姜林，夏天翔，等．焦化厂土壤中 PAHs 的累积、垂向分布特征及来源分析 [J]．化工学报，2011，62(12): 3525-3531．

［32］Qi W X, Qu J H, Liu H J, et al. Partitioning and sources of PAHs in wastewater receiving streams of Tianjin, China[J]. Environmental Monitoring and Assessment, 2012, 184(4): 1847-1855.

［33］Post W M, Peng T H, Emanuel W R, et al. The global carbon-cycle[J]. American Scientist, 1990, 78(4): 310-326.

［34］Guggenberger G, Zech W. Dissolved organic carbon control in acid forest soils of the Fichtelgebirge (Germany) as revealed by distribution patterns and structural composition analyses[J]. Geoderma, 1993, 59(1-4): 109-129.

［35］Kalbitz K, Schwesig D, Rethemeyer J, et al. Stabilization of dissolved organic matter by sorption to the mineral soil[J]. Soil Biology & Biochemistry, 2005, 37(7): 1319-1331.

［36］贾亚琪．贵阳市白云区农田土壤重金属污染状况及风险评估 [D]．贵州：贵州师范大学，2017．

［37］Long E R, MacDonald D D, Smith S L, et al. Incidence of adverse biological effects within ranges of chemical concentrations in marine and estuarine sediments[J]. Environmental Management, 1995, 19(1): 81-97.

［38］Tomlinson D L, Wilson J G, Harris C R, et al. Problems in the assessment of heavy metal levels in estuaries and the formation of a pollution index[J]. Helgoländer Meeresuntersuchungen, 1980, 33(1): 566-575.

［39］刘宝良，陈旭阳，魏春雷，等．广西海域沉积物重金属、滴滴涕、多氯联苯含量及生态风险分析 [J]．海洋湖沼通报，2019，(4): 125-132．

［40］Zhang D L, Liu J Q, Yin P, et al. Polycyclic aromatic hydrocarbons in surface sediments from the Coast of Weihai, China: Spatial distribution, sources and ecotoxicological risks[J]. Marine Pollution Bulletin, 2016, 1: 643-649.

［41］付在毅，许学工．区域生态风险评价 [J]．地球科学进展，2001，16(2): 267-271．

［42］李如忠，汪明武，金菊良．地下水环境风险的模糊多指标分析方法 [J]．地理科学，2010，(2): 229-235．

［43］陈中涛，王红旗，李仙波．成品油管道地下水环境风险评价研究 [J]．工业安全与环保，2012(3): 51-54．

［44］李娟，丁爱中，王永强．加油站土壤和地下水环境风险控制与管理的国际经验及启示 [J]．中外能源，2012，(10): 86-92．

［45］赵军平.重金属泄漏污染事故地下水环境风险研究[D].兰州:兰州大学,2013.

［46］郑洁琼,林星杰,楚敬龙.铅冶炼企业地下水环境风险评估[C].成都:2014中国环境科学学会学术年会,2014.

［47］杨昱,廉新颖,马志飞,等.再生水回灌地下水环境安全风险评价技术方法研究[J].生态环境学报,2014,(11):1806-1813.

［48］孙才志,朱静.下辽河平原浅层地下水环境风险评价及空间关联特征[J].地理科学进展,2014,(2):270-279.

［49］腾彦国,左锐,苏小四,等.区域地下水环境风险评价技术[M].北京:中国环境出版社,2015.

［50］Masetti M, Sterlacchini S, Ballabio C, et al.Influence of threshold value in the use of statistical methods for groundwater vulnerability assessment[J]. Science of the Total Environment, 2009, (12): 3836-3846.

［51］鄂建,孙爱荣,钟新永.DRASTIC模型的缺陷与改进方法探讨[J].水文地质与工程地质,2010,37(1):102-107.

［52］原若溪,孔祥波,费宇红,等.DRASTIC和GOD两种方法评价地下水防污性的实例研究[J].吉林水利,2018,(3):1-8.

［53］高月香,沈欢,张毅敏,等.基于FEFLOW的高尔夫球场地下水污染风险预测研究与效果评估[J].水利水电技术,2018,(11):144-150.

［54］方进,王德全.地下水污染风险评价方法研究综述[J].智能城市,2021,7(10):115-116.

［55］Simunek J M, Sejna T, van Genuchten M T.HYDRUS-2D simulating water flow, heat, and solute transport in two-dimensional variably saturated media[M]. Riverside: International Ground Water Modeling Center, 1999.

［56］蒋任飞.石嘴山市地下水水质模型的研究及应用[D].西安:西安理工大学,2004.

［57］刘凡,孙继朝,张英,等.地下水污染风险评价研究综述[J].南水北调与水利科技,2014,(3):127-132.

［58］NRC.Science and Judgment in Risk Asssment[M]. Washington DC: National Academy Press, 1994.

［59］崔超.污染场地健康风险评价研究——以某玻璃仪器厂为例[D].兰州:西北师范大学,2012.

［60］NAS.Risk Assessment in the Federal Government: Managing the Process[M]. Washington DC: National Academy Press, 1983.

［61］US Environment Protection Agency.Risk assesment guidance for superfund volume I human health evaluation manual (partA) [R]. Washington DC: Office of Emergency and

Remedial Response, 1987: 1-7.

[62] 林曼利, 桂和荣, 彭位华, 等. 典型矿区深层地下水重金属含量特征及健康风险评价——以皖北矿区为例 [J]. 地球学报, 2014, (5): 65-74.

[63] 毛小苓, 刘阳生. 国内外环境风险评价研究进展 [J]. 应用基础与工程科学学报, 2003, 11(3): 266-273.

[64] 周友亚, 姜林, 张超眼, 等. 我国污染场地风险评估发展历程概述 [J]. 环境保护, 2019, 47(8): 34-38.

[65] 北京市环境保护局. 场地环境评价技术导则: DB11/T 656—2009[S].2009.

[66] 重庆市环境保护局. 重庆场地环境风险评估技术指南 [R]. 重庆: 重庆市环境保护局, 2010.

[67] 北京市环境保护局. 场地土壤环境风险评价筛选值: DB11/T 811—2011[S]. 北京: 北京市质量技术监督局, 2011.

[68] 浙江省环境保护局. 污染场地风险评估技术导则: DB33/T 892—2013[S]. 杭州: 浙江省质量技术监督局, 2013.

[69] 环境保护部. 污染场地风险评估技术导则: HJ 25.3—2014[S]. 北京: 中国环境科学出版社, 2014.

[70] 环境保护部. 建设用地土壤污染风险评估技术导则: HJ 25.3—2019[S]. 北京: 中国环境出版集团, 2019: 2.

[71] 李梦瑶. 中国污染场地环境管理存在的问题及对策 [J]. 中国农学通报, 2010, 26(24): 338-342.

[72] Huang Y, Teng Y, Zhang N, et al. Human health risk assessment of heavy metals in the soil—*Panax notoginseng* system in Yunnan Province, China[J]. Human and Ecological Risk Assessment, 2018, 24(5): 1312-1326.

[73] 江灏. 大连市场地污染现状调查及筛选值的拟定方法研究 [D]. 大连: 大连理工大学, 2016.

[74] 生态环境部土壤生态环境司, 生态环境部南京环境科学研究所. 土壤污染风险管控与修复技术手册 [M]. 北京: 中国环境出版集团, 2022.

[75] 生态环境部. 污染土壤修复工程技术规范　原位热脱附: HJ 1165—2021[S]. 2021.

[76] 生态环境部. 污染土壤修复工程技术规范　异位热脱附: HJ 1164—2021[S]. 2021.

[77] 李春萍. 水泥窑协同处置污染土壤实用技术 [M]. 北京: 中国建材工业出版社, 2021.

[78] 潘栋宇, 侯梅芳, 刘超男, 等. 多环芳烃污染土壤化学修复技术的研究进展 [J]. 安全与环境工程, 2018, 25(3): 58-64, 70.

[79] 黎舒雯, 陆敏, 刘敏, 等. 化学氧化剂对多环芳烃污染土壤的修复效果研究 [J]. 山东农业大学学报: 自然科学版, 2016, (3): 378-382.

［80］张亚南，申哲民，李亚红，等．Fenton 氧化法处理有机污染物的降解规律探讨 [J]. 安全与环境工程，2013，(5)：61-65.

［81］戚惠民．异位类 Fenton 化学氧化在多环芳烃污染场地修复中的应用 [J]. 环境工程学报，2018，12(11)：264-272.

［82］Brown G S, Barton L L, Thomson B M. Permanganate oxidation of sorbed polycyclic aromatic hydrocarbons[J]. Waste Management, 2003, 23：37-41.

［83］翟宇嘉．过硫酸盐异位氧化修复土壤多环芳烃污染技术应用实例 [J]. 广东化工，2017，44(14)：65-66，68.

［84］王飞．土壤多环芳烃污染修复技术的研究进展 [J]. 环境与发展，2019，31(2)：65-68.

［85］崔龙哲，李社峰．污染土壤修复技术与应用 [M]. 北京：化学工业出版社，2021.

［86］申家宁，晏井春，高卫国，等．多相抽提技术在化工污染地块修复中的应用潜力 [J]. 环境工程学报，2021，15(10)：3286-3296.

［87］孙翼飞，巩宗强，苏振成，等．应用表面活性剂——生物柴油微乳液去除污染土壤中多环芳烃 [J]. 环境工程学报，2012，6(6)：2023-2028.

［88］毛健，杨代凤，刘腾飞，等．多环芳烃污染土壤的菌群 - 植物联合修复效应研究 [J]. 环境与可持续性发展，2017，42(4)：108-110.

［89］刘鑫，黄兴如，张晓霞，等．高浓度多环芳烃污染土壤的微生物 - 植物联合修复技术研究 [J]. 南京农业大学学报，2017，40(4)：632-640.

［90］Maini G, Sharman A K, Knowles C J, et al. Electrokinetic remediation of metals an dorganics from historically contaminated soil[J]. Journal of Chemical Technology and Biotechnology, 2000, 75(8)：657-664.

［91］杨萌，翁化龙，潘怡然，等．地下水污染修复技术研究进展 [J]. 环境科学与管理，2022，47(4)：118-122.

［92］中关村中环地下水污染防控与修复产业联盟．受污染地下水抽出 - 处理修复技术指南：T/GIA 005—2020[S]. 2020.

［93］生态环境部土壤生态环境司．地下水污染风险管控与修复技术手册 [M]. 北京：中国环境出版集团，2021.

［94］贾斯丁·霍兰德，尼尔·科克伍德，茱莉亚·高德．棕地再生原则 [M]. 北京：中国建筑工业出版社，2013.

［95］北京市质量技术监督局．污染场地修复后土壤再利用环境评估导则：DB11/T 1281—2015[S]. 2015.

［96］魏伟．基于城乡规划建设的土地资源管理探讨 [J]. 工程技术研究，2020，5(19)：147-148.

［97］李玲．鲁尔区工业废弃地再利用规划研究 [D]. 徐州：中国矿业大学，2014.

［98］余勤飞.煤矿工业场地土壤污染评价及再利用研究［D］.北京：中国地质大学，2014.

［99］王慧.基于环境风险管控的城市棕地控规编制方法研究［D］.广州：广东工业大学，2018.

［100］北京市质量技术监督局.污染场地修复技术方案编制导则：DB11/T 1280—2015［S］.2015.

［101］郑洪振，涂晨，张红振，等.基于 WebGIS 的污染场地修复决策支持系统［J］.环境科学与技术，2016，39(S2)：455-463.

［102］张保会，王林芳，郭宏，等.我国污染场地修复决策系统研究进展［J］.环境与可持续发展，2021，46(2)：138-143.

［103］王新秀，涂晨，张红振，等.污染场地修复决策支持系统的设计与实现［J］.环境科学与技术，2015，38(11)：252-257.